# Automatisiertes Messen mit steuerbaren Geräten und dem Raspberry Pi 5

Bernhard Redemann

# Automatisiertes Messen mit steuerbaren Geräten und dem Raspberry Pi 5

## Eine praktische Exkursion mit dem Raspberry Pi 5 und den Themen Python, USBTMC, LXI, GPIB,VISA, SCPI, GPIO und Mikrocontroller

Springer Vieweg

Bernhard Redemann
Teltow, Deutschland

ISBN 978-3-658-52313-8 ISBN 978-3-658-52314-5 (eBook)
https://doi.org/10.1007/978-3-658-52314-5

Die Deutsche Nationalbibliothek verzeichnet diese Publikation in der Deutschen Nationalbibliografie; detaillierte bibliografische Daten sind im Internet über https://portal.dnb.de abrufbar.



Springer Vieweg ist ein Imprint der eingetragenen Gesellschaft Springer Fachmedien Wiesbaden GmbH und ist ein Teil von Springer Nature.
Die Anschrift der Gesellschaft ist: Abraham-Lincoln-Str. 46, 65189 Wiesbaden, Germany

*Besonderer Dank gilt meiner Frau Petra.*

*Es ist keine Schande, nichts zu wissen, wohl aber, nichts lernen zu wollen.*

*(Platon, 428/427 v. Chr., griechischer Philosoph)*

# Vorwort

Wenn man sich mit dem automatisierten Messen in der Elektronik vertraut macht, gibt es dort sehr viele Anwendungsbereiche. Egal ob es sich um Leiterplatten (Stichwort Flying Probe), bestückte Baugruppen (Flashen von Controllern) oder fertige Geräte (Funktionsprüfung) handelt, überall werden dafür automatisierte oder auch teilautomatisierte Test- und Prüfeinrichtungen benötigt. Diese beinhalten neben der eigentlichen Messelektronik auch über einen PC steuerbare Geräte, welche die Messdaten aufnehmen und protokollieren. Damit ist im industriellen Umfeld auch die Nachverfolgbarkeit (Traceability) gewährleistet, also welches Gerät welche Baugruppen beinhaltet und welchen Softwarestand es besitzt.

Das Fachbuch ist eine sehr praktische aber auch anspruchsvolle Anleitung in dieses Themengebiet, welches motivieren soll, eigene Ideen, sei es im privaten oder beruflichen Umfeld, zu verwirklichen.

Nach einer kurzen Vorstellung des Raspberry Pi und der Entwicklungsumgebung werden die Begrifflichkeiten erläutert. Anschließend geht es in den praktischen Teil über, zunächst mit einfachen Programmen zum Steuern und Auslesen eines Netzteils und eines Multimeters. Die Projekte, die dann folgen sind anspruchsvoll und zeigen u.a. die messtechnische Untersuchung eines Schaltreglermoduls, das automatisierte Flashen eines Mikrocontrollers und Auswertung in einem pdf-Dokument oder auch das Erzeugen einer einfachen grafischen Oberfläche zur Steuerung von Geräten.

Die in diesem Buch aufgeführten Projekte sind von mir entworfen, selbst aufgebaut und getestet worden und stellen eine Grundlage für dieses Thema dar. Hier zeigt sich eine weitere, interessante Anwendungsmöglichkeit für den Raspberry Pi. Die Stromlaufpläne und der Programmcode sind gut kommentiert, sodass sich dieses Buch auch für das Selbststudium eignet.

Viel Spaß!

Bernhard Redemann

# Über dieses Buch

Idee, Konzept, Bilder, Skizzen, Stromlaufpläne erstellt von Bernhard Redemann

Nicht von mir erstellte Bilder oder Skizzen sind gekennzeichnet.

Schaltpläne erstellt mit KiCad 8

Bilder bearbeitet mit Pinta 2.1.2 und Krita 5.2.3

**Competing Interests** Der/die Autor*in hat keine relevanten Interessenskonflikte im Zusammenhang mit dieser Publikation.

# Inhaltsverzeichnis

# Der Raspberry Pi (RPi) 1

Dieser Kleinstcomputer ist für Steuerungs- und Messaufgaben im Bereich der Elektronik ideal. Die Rechenleistung (basierend auf Taktfrequenz, Anzahl der Kerne und Änderung der Architektur) hat sich zwischen der ersten und der fünften Version um den Faktor 40 erhöht, sodass man hier eine sehr gute Performance auf kleinstem Raum erreicht. Für die Elektronik besonders interessant sind die GPIOs und seriellen Schnittstellen ($I^2C$, RS232 und SPI) zum Ansteuern z. B. von Leuchtdioden, Motoren oder Relais, Auslesen von Sensoren oder anderer Elektronik. Die LAN- und USB- Schnittstellen können dazu benutzt werden, um Laborgeräte wie Multimeter, Netzgeräte, Funktionsgeneratoren oder Oszilloskope, anzusteuern oder auszulesen, sofern diese eine entsprechende Schnittstelle (Stichwort LXI, GPIB, USBTMC) mit Ansteuerungsmöglichkeit bieten.

## 1.1 Installation des Betriebssystems (kurz OS) und Konfiguration

Da es für die Installation des OS bereits tausende Anleitungen im Netz gibt, möchte ich nur kurz darauf eingehen.

1) Zunächst erstellt man ein Image für eine Micro-SD Karte mittels „Raspberry Pi Imager“. Beim RPi 5 wird das 64 Bit Image erzeugt (Raspberry PI OS (64 Bit)).
2) Nach erfolgter Erzeugung des Images auf der SD-Karte wird diese in den SD-Kartenhalter eingesetzt und der RPi (mit Tastatur, Maus und Monitor) gestartet.
3) Neben dem Benutzernamen und Passwort (bitte merken!) sollte man während der Installation die verschiedenen Optionen (siehe unten) freischalten.
4) Nach dem Start des Betriebssystems kann ein Update am RPi durchgeführt werden.



B. Redemann, *Automatisiertes Messen mit steuerbaren Geräten und dem Raspberry Pi 5*, https://doi.org/10.1007/978-3-658-52314-5_1

### 1.1.1 Verwendete Hardware

Alle hier dargestellten Beispiele habe ich nur mit dem Raspberry Pi Version 5 realisiert. Vorgängerversionen habe ich, ebenso wie die zukünftigen Versionen 6, 7 und 8, nicht getestet: -D.

### 1.1.2 Hinweise zum Nachbau

Beim Nachbau dieser Projekte ist zu beachten, dass ich selber eine Lochrasterplatine für die externe Elektronik verwendet habe. Die Proto-HATs, die es auf dem Markt gibt, sind mir zu klein und zu unflexibel. Löterfahrung und allgemein gute Kenntnisse in der Elektronik sollte man besitzen. Programmierkenntnisse helfen hier auch weiter, wobei ich jedoch in den Programmen fast jede Zeile kommentiert habe, sodass auch Unerfahrene in dieser Richtung gut starten können. Zum Quetschen des 40-poligen Flachbandkabels in die Buchsenleiste (siehe Bild meines Aufbaus weiter hinten) habe ich einen Schraubstock verwendet. Man kann aber auch auf ein uraltes 40-poliges, fertig konfektioniertes Flachbandkabel eines alten CD-Laufwerks zurückgreifen.

### 1.1.3 Spannungsversorgung

Zur Spannungsversorgung sollte das Originalnetzteil verwendet werden. Man kann aber auch ein Labornetzteil (eingestellt 5,3 V, Strombegrenzung auf 5 A) verwenden. Wird der RPi nur mit 5,0 V betrieben, so wird er während des Bootvorgangs, spätestens jedoch beim Starten der Benutzeroberfläche sich selber abschalten. Die Stromaufnahme beträgt dann ca. 5 mA.

Dennoch erscheint beim Betrieb mit 5,3 V am RPi oben rechts die Warnung zur Spannungsversorgung – einfach ignorieren. Die Stromaufnahme während des Betriebs beträgt ca. 800 mA, wenn der RPi aus der Ferne, also ohne Bildschirm, Tastatur und Maus betrieben wird.

Mit dem Terminalkommando ***dmesg -HW | grep hwmon*** kann man sich das Ereignis (Unterspannung – Normalspannung) anzeigen lassen. Parallel dazu kann man in einem weiteren Terminal mit ***watch -n 2 'vcgencmd pmic_read_adc | grep EXT5'*** die 5 V Spannung alle 2 s anzeigen lassen (Bild unten). Ob dies dann jemandem aber weiterhilft, sei dahingestellt. Wer das Originalnetzteil verwendet, sollte diese Fehlermeldungen nicht bekommen (Abb. 1.1).

Nach einem Update werden folgende Einstellungen vorgenommen:

Unter Einstellung → Raspberry Pi-Konfiguration, dort werden die Schnittstellen → VNC, → SPI, → $I^2C$ aktiviert. Alle anderen Auswahlmöglichkeiten sind hier nicht relevant.

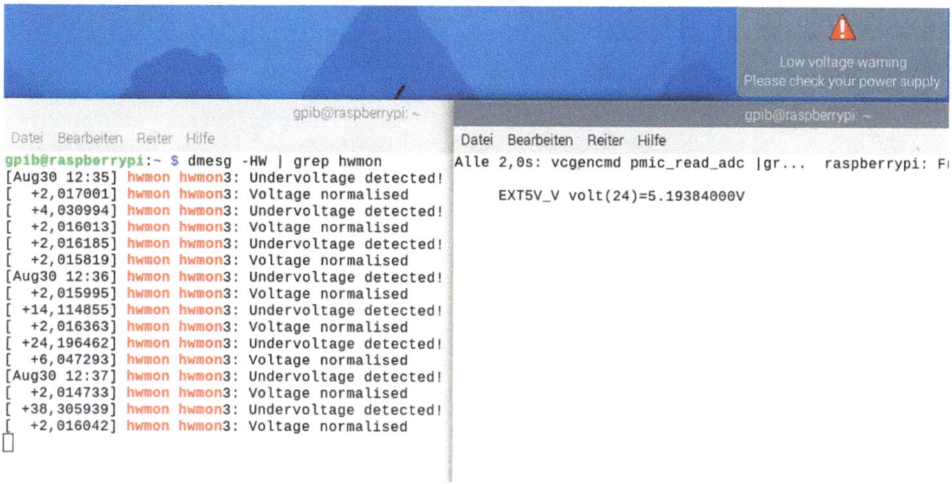


**Abb. 1.1** Infos zu Spannungsversorgung

Weitere Hinweise zur Installation des OS sind auf https://www.raspberrypi.com/software zu finden.

## 1.2 Remoteverbindung zum RPi (Linux)

Ist der neu aufgesetzte RPi im (Heim)netzwerk integriert und kann man im Terminal mit ***ifconfig -a*** die eigene IP Adresse des RPi abrufen, so ist es sehr einfach, von Linux aus auf den RPi per VNC zuzugreifen. Da bereits VNC auf dem RPi aktiviert wurde, kann nun z. B. unter Linux Mint der TigerVNC-Betrachter installiert werden.

Nach dem Start des TigerVNC und der Eingabe von IP-Adresse, Benutzername und Passworts des RPi (vorher gemerkt...) kann man sich den Bildschirm auf den Linux-PC holen und somit aus der Ferne auf dem RPi die hier vorgestellten Pythonprojekte starten. In den Optionen des Tiger VNC-Betrachters muss nichts geändert werden. Die zwischenzeitlich erscheinenden Fenster (bzgl. Zertifikat) werden mit ok bestätigt (Abb. 1.2).

## 1.3 Remoteverbindung zum RPi (Windows)

Hierzu muss zunächst auf dem RPi der xrdp-Server installiert werden. Dazu startet man das Terminal und gibt dann folgendes ein:

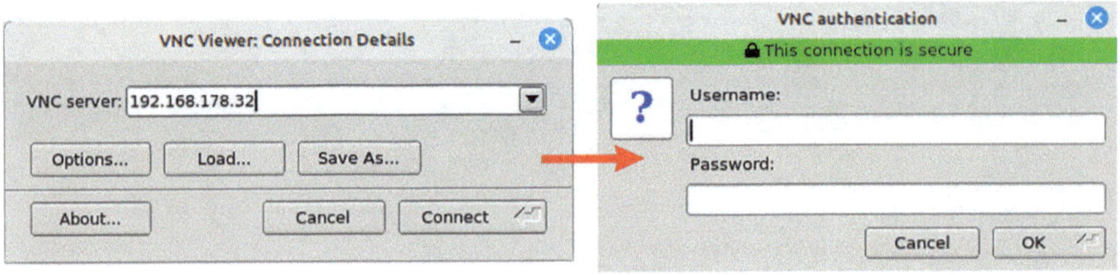


**Abb. 1.2** VNC-Viewer

**`sudo apt-get install xrdp`**
**`sudo service xrdp start &`**
**`sudo update rc.d xrdp enable`** (Automatischer Start nach reboot)

Anschließend kann man mit dem Remote Desktop von Windows aus auf den RPi zugreifen.

Der Vorteil der Remoteverbindung liegt auf der Hand: Man benötigt weder eine Tastatur noch einen Bildschirm für den RPi und kann somit von seinem Arbeitsplatz-PC aus zugreifen.

# Die IDE Thonny 2

Für das Schreiben der Python-Programme wird hier die Entwicklungsumgebung (IDE) Thonny verwendet, da diese bereits vorinstalliert und leicht zu bedienen ist. Es kann aber auch jede andere IDE, z. B. Visual Studio Code oder Pycharm, eingesetzt werden. Darauf werde ich hier aber nicht weiter eingehen.

Bevor man Thonny startet, wird zunächst ein Verzeichnis erzeugt, hier in meinem Fall habe ich es „Control_Instruments“ genannt (Abb. 2.1).

Das Verzeichnis liegt in meinem Fall im Benutzerverzeichnis (home) und dient dazu, die Projekte dort abzulegen und vor allem dann (das ist der nächste Schritt) eine virtuelle Umgebung für Python zu schaffen. Die Dateien in diesem Verzeichnis sollten regelmäßig auf einem USB-Stick gesichert werden.

Nach dem Start von Thonny sollte zunächst die Version überprüft werden. Unter *Hilfe → über Thonny* sollte die Version 4.1.7 erscheinen. Ist dies nicht der Fall, so muss die Version 4.1.7 händisch installiert werden.

## 2.1 Wichtiger Hinweis zu älteren Thonnyversionen (<4.1.7)

Im November 2024 war es auf einmal nicht mehr möglich, Pakete zu installieren. Die Suche nach einem bestimmten Paket brachte ein leeres Suchfenster.

Auf verschiedenen Seiten von Thonny und PyPi wurde dieses Problem erklärt. Der Suchmechanismus der Seite https://pypi.org/ wurde geändert, woraufhin es in Thonny zu Problemen bei der Suche nach Paketen kam. Erst ab der Version 4.1.7 funktioniert die Suche in Thonny wieder wie gehabt.

Die Version 4.1.7 muss dann jedoch manuell installiert werden. Dazu ruft man die Seite https://github.com/thonny/thonny/releases/tag/v4.1.7 auf und lädt die Dateien



B. Redemann, *Automatisiertes Messen mit steuerbaren Geräten und dem Raspberry Pi 5*, https://doi.org/10.1007/978-3-658-52314-5_2

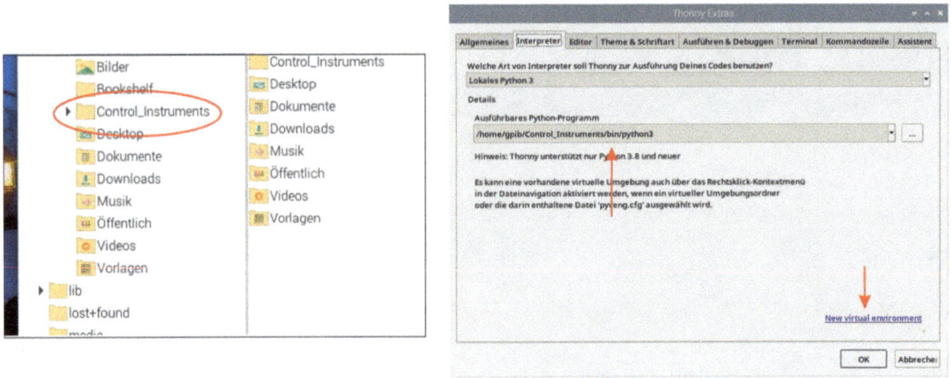


**Abb. 2.1** Verzeichnis in Thonny eintragen

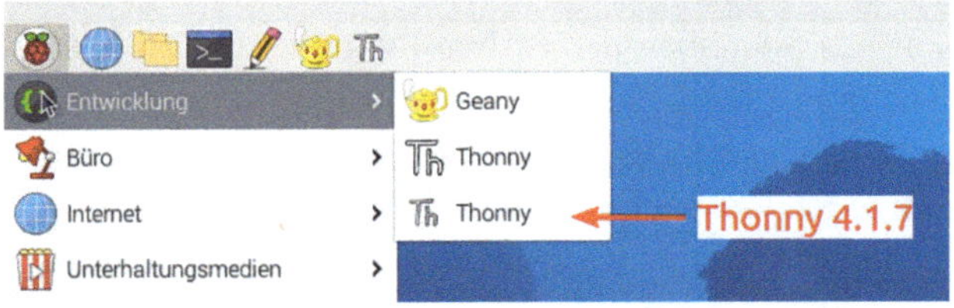


**Abb. 2.2** Auswahl Thonny 4.1.7

thonny-4.1.7.bash und thonny-4.1.7-x86_64.tar.gz herunter. Anschließend öffnet man ein Terminal und wechselt in das Verzeichnis *Downloads*. Anschließend gibt man *chmod +x* * ein und startet mit./thonny-4.1.7.bash die Installation für die neue Thonny Version 4.1.7. Im Pull-Down Menü des RPi 5 erscheint dann eine kleines „Th“, dies ist dann die neue Version, die gestartet werden muss. Der Suchmechanismus von pypi.org musste aufgrund von sehr hohen, automatisch generierten Suchanfragen geändert werden (Abb. 2.2).

Weitere Links dazu, falls diese noch vorhanden sind:
https://discuss.python.org/t/fastly-interfering-with-pypi-search/73597
https://github.com/thonny/thonny/issues/3392

Ist die richtige Version installiert, wird unter → ***Werkzeuge*** → ***Optionen*** → ***Interpreter,*** dann unten rechts ***„new virtual environment“*** das oben erzeugte Verzeichnis ausgewählt. Damit wird eine vom Betriebssystem unabhängige Pythonumgebung geschaffen, so dass es keine Konflikte mit dem Betriebssystem durch Hinzufügen oder Entfernen von Paketen (dazu später) geben kann.

Man erkennt hier auch den Pfad zum Python Interpreter, dieser liegt nun unter *bin* in dem neu erstellten Verzeichnis.

Damit ist zunächst der RPi für den Start der Projekte eingerichtet. Die Installation der notwendigen Pakete erfolgt etwas später.

## 2.2 Etwas mehr zu Thonny

Die IDE ist sehr einfach aufgebaut, daher findet man sich schnell zurecht. Hier nur kurz ein Überblick der einzelnen Fenster in der Anwendung.

Bereich [Abb. 2.3 (1)] ist der eigentliche Editor, in dem man sein Programm schreibt. Mit dem Starticon [Abb. 2.3 (3)] startet man das Programm, mit Icon [Abb. 2.3 (4)] kann man das laufende Programm beenden, falls dies notwendig ist. Das Starticon speichert automatisch die vorhandene Datei ab. Im Bereich [Abb. 2.3 (5)] sind Hinweise zu Fehlern zu finden. In der Kommandozeile [Abb. 2.3 (2)] kann man die Kommandos für das Programm vorab testen um sicher zu stellen, dass diese auch funktionieren. Damit erspart man sich eine Fehlersuche im Programm (Abb. 2.3).

Wichtiger Hinweis: Seit April 2026 gibt es die neue Version 5 von Thonny. Es ist zu empfehlen, diese zu Installieren. Dazu muss die Version 4.x auf dem Raspberry Pi deinstalliert werden. Anschließend läd man unter https://github.com/thonny/thonny/releases/tag/v5.0.0 die Datei thonny-5.0.0.bash herunter. Man öffnet ein Terminalfenster und wechselt in den Download ordner und gibt folgendes ein:

```
chmod +x thonny-5.0.0.bash
./thonny-5.0.0.bash
```

Nach der Installation startet man dann diese Version.

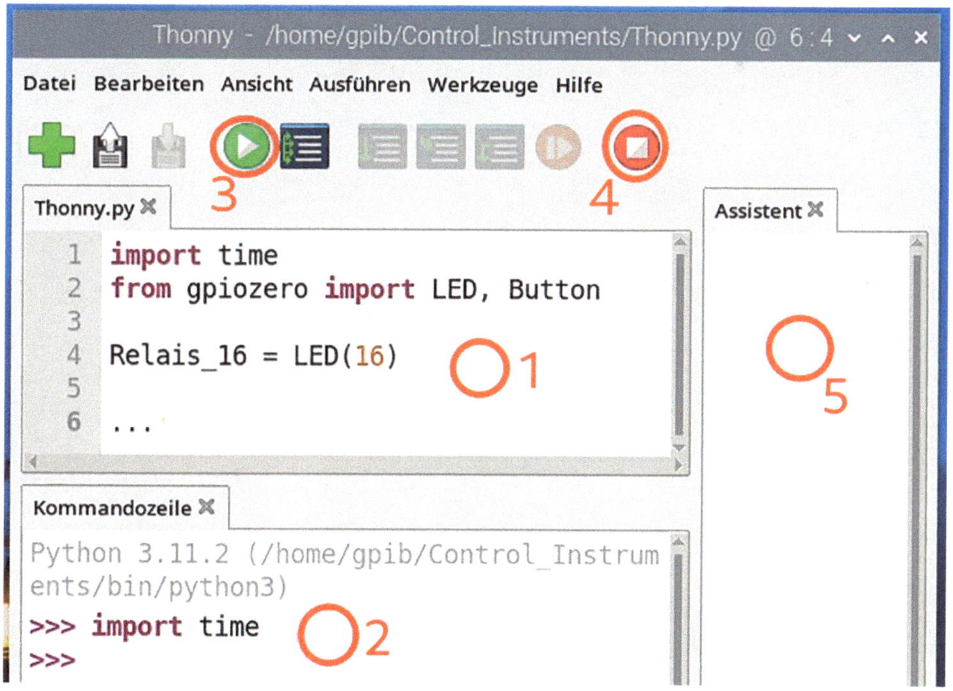


**Abb. 2.3** Bereiche in Thonny

# 3 USBTMC, LXI, GPIB und RS232

Wird man mit dem Thema steuerbare Messgeräte konfrontiert, so erfolgt das immer mit den Begriffen USBTMC, LXI und GPIB. Dazu folgende kurze Erläuterungen. Weitere Informationen dazu findet man im Netz. Weiter unten sind auch einige Links (viele auf englisch) zu finden.

## 3.1 USBTMC/USB488

Dies ist die Abkürzung für USB Test & Measurement Class und stellt eine standardisierte USB-Schnittstelle für steuerbare Geräte dar. Diese Klasse legt fest, wie steuerbare Geräte mit einem PC kommunizieren, d. h. wie sie Steuerbefehle empfangen, Messdaten übertragen oder andere Funktionen unterstützt werden. USBTMC stellt also eine einheitliche Schnittstelle zu steuerbaren Geräten dar. Diese ist bei neueren, steuerbaren Geräten direkt verbaut (siehe unten). USB488 hingegen ist eine Erweiterung dieser Schnittstelle. Für ältere Gerät mit einem GPIB-Anschluss ist ein USB-Adapter notwendig, der diesen Standard unterstützt. Verschiedene Hersteller bieten dazu Adapter an u. a. NI, Keysight oder Prologix.

An einem steuerbaren Messgerät müssen keine Parameter für diese Schnittstelle angegeben werden.



B. Redemann, *Automatisiertes Messen mit steuerbaren Geräten und dem Raspberry Pi 5*, https://doi.org/10.1007/978-3-658-52314-5_3

https://www.tmatlantic.com/encyclopedia/index.php?ELEMENT_ID=13919
https://www.testandmeasurementtips.com/remote-communication-with-usbtmc-faq/

## 3.2 LXI

Dies ist die Abkürzung für LAN Extension for Instrumentation, sprich eine auf LAN basierende Schnittstelle für steuerbare Geräte. Die Integration in ein normales LAN ist dabei unproblematisch, da Standardprotokolle wie TCP/IP oder HTTP eingesetzt werden. Der Vorteil gegenüber USBTMC ist auch die größere Reichweite, die gerade bei großen Test- und Prüfanlagen gefordert werden.

Ein Gerät, welches über LXI gesteuert werden soll, benötigt eine IP-Adresse mit der entsprechenden Netzwerkmaske (oder per DHCP) und eine Portangabe. Weitere Einstellung sind ggf. ein Gateway und die Transferrate (100 Mbps etc.), welche dann am Gerät vorgenommen werden müssen.

https://en.wikipedia.org/wiki/LAN_eXtensions_for_Instrumentation

## 3.3 GPIB

Der General Purpose Interface Bus (GPIB) wurde ursprünglich in den 1960er-Jahren von Hewlett & Packard entwickelt und später in den 1970er-Jahren als IEEE488-Standard veröffentlicht. Es handelt sich hierbei um ein 8 Bit breites paralleles Bussystem mit drei Handshakeleitungen und fünf Leitungen für das Busmanagement. Der Standard erlaubt 15 Geräte in einem Bussystem, welches maximal 20 m lang sein darf. Durch aktive Verstärker kann der Bus (theoretisch) auf 31 Geräte erweitert werden. Die Kabel dieser Schnittstelle sind sehr starr und die Stecker ziemlich klobig. Bei mehreren Geräte werden die Stecker übereinander verschraubt (Abb. 3.1).

Man unterscheidet zwischen Listener (Zuhörer), Talker (Redner) und Controller, die über das GPIB-Protokoll gesteuert werden. Eine im PC verbaute GPIB-Karte (der Controller) legt fest, welches der Geräte Listener oder Talker sein kann. Es können mehrere Geräte Listener sein, aber nur ein Gerät Talker. Wenn der Controller ein Gerät als Talker festlegt (z. B. „Adresse 5, Du bist Talker“), dann kann das Gerät (über SCPI-Kommandos) Daten liefern, z. B. den Spannungswert beim Multimeter.

Auch wenn dieser Standard schon sehr alt ist, wird er immer noch verwendet, da auch neuere Geräte (z. B. das Keysight 3458A, neue Version) (leider) immer noch mit dieser Schnittstelle ausgestattet sind. Eine GPIB- Karte (sehr teuer) oder ein LAN-GPIB bzw. USB-GPIB-Adapter für den PC ist notwendig. Am Messgerät selbst wird dann die GPIB-Adresse eingetragen.

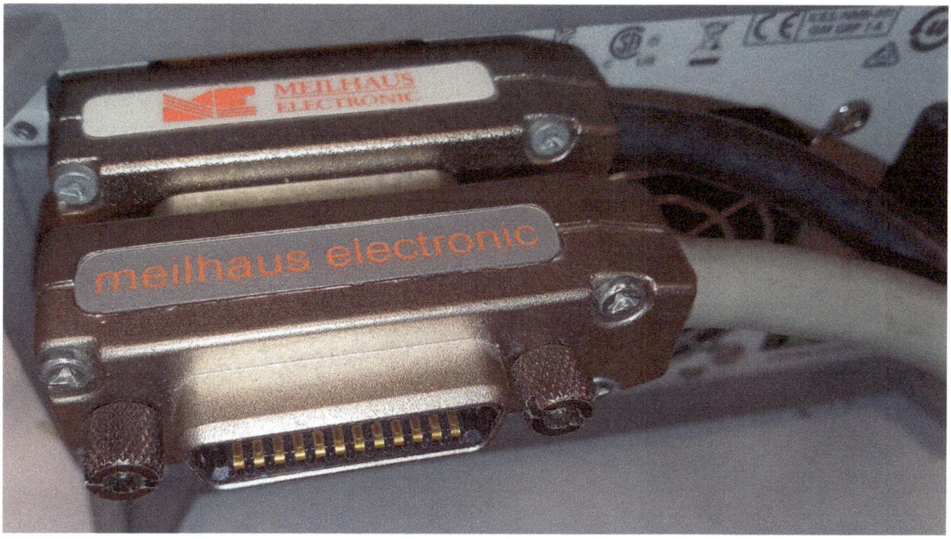


**Abb. 3.1** GPIB Stecker übereinander gestapelt

https://en.wikipedia.org/wiki/GPIB
https://www.meilhaus.de/news-aktionen/blog/blog-ieee488/?b2b=0
https://www.ni.com/pdf/academic/us/journals/lv02_31.pdf
https://www.icselect.com/pdfs/ab48_11%20GPIB-101.pdf
https://helpfiles.keysight.com/csg/e5080a/programming/learning_about_gpib/gp-ib_fundamentals.htm

## 3.4 RS232

Auch die RS232 ist ein alter Standard für eine serielle Schnittstelle, über die ältere Messgeräte (z. B. HP34401A oder Keithley 2400 Sourcemeter) per SCPI-Kommandos ferngesteuert werden können. Die Schnittstelle wurde in den 1960er-Jahren von der Electronic Industries Association (EIA) erarbeitet und arbeitet mit Logikpegeln von −12 V (High) und +12 V (Low). Neben den Sende- (TxD) und Empfangssignalen (RxD) ist die RS232 mit verschiedenen Steuersignalen ausgestattet. Da die RS232 nur eine Punkt zu Punkt-Verbindung bietet, ist sie für die Steuerung von mehreren Messgeräten eher ungeeignet, da pro Messgerät auch eine RS232 physisch am PC vorhanden sein muss. Auch ist die Reichweite bei höheren Übertragungsraten sehr begrenzt. Dennoch kann man z. B. ein älteres Multimeter, welches diese Schnittstelle anbietet, mittels USB zu RS232 Kabel verwenden. Am Messgerät und auch im Programm müssen die Parameter dazu eingestellt werden:

Baudrate, Datenbits, Parität, Flusskontrolle. Im Anhang findet man zwei Beispiele mit dem Agilent 34401A DMM und dem Keithley 2400 SMU.

https://en.wikipedia.org/wiki/RS-232
https://www.ecianow.org/eia-technical-standards

# 4 Messgeräte einstellen und auslesen mittels VISA (hier pyvisa)

VISA steht für „Virtual Instrument Software Architecture“ und ist von National Instruments (www.ni.com) entwickelt worden. Die IVI Foundation (www.ivifoundation.org) entwickelte diese später zum Standard, damit Geräte verschiedener Hersteller Daten austauschen können. Es ist ein Standard zum Auslesen und Einstellen von Messgeräten, die mit einer entsprechenden Schnittstelle (LAN, GPIB oder USBTMC, siehe oben) versehen sind. Dabei ist nicht entscheidend, ob die Schnittstelle physisch vorhanden ist, sondern ob das Gerät VISA unterstützt. Eine Oszilloskop z. B., welches eine USB- oder LAN-Schnittstelle besitzt, muss nicht unbedingt steuerbar sein. Bei älteren Geräten ist USB (auf der Rückseite des Geräts) meist für einen Drucker vorgesehen oder, wenn ein USB-Anschluss vorne vorhanden ist, für einen USB-Stick. Andere Geräte wiederum haben einen LAN-Anschluss für einen Telnet- oder Webserverzugang, um z. B. den Zustand des Geräts per Browser anzeigen zu lassen. Solche Geräte können meist nicht ferngesteuert werden. Es gibt jedoch (z. B. bei Rohde&Schwarz- Geräten) Module, die wahlweise hinzugekauft werden können, um ein Gerät fernsteuerbar zu machen. Geräte mit dem Label „LXI“, „USBTMC“ oder ältere Geräte mit einem GPIB-Anschluss (auch IEEE488 oder HP-IP) sind i. d. R. fernsteuerbar.

Für Python wird das Paket pyvisa (und weitere) verwendet, um Geräte damit auslesen und ansteuern zu können. Im praktischen Teil gehe ich Schritt für Schritt darauf ein.

Hier ein paar Beispiele, wie man erkennen kann, ob ein Gerät fernsteuerbar ist (Abb. 4.1, 4.2, und 4.3):


B. Redemann, *Automatisiertes Messen mit steuerbaren Geräten und dem Raspberry Pi 5*, https://doi.org/10.1007/978-3-658-52314-5_4

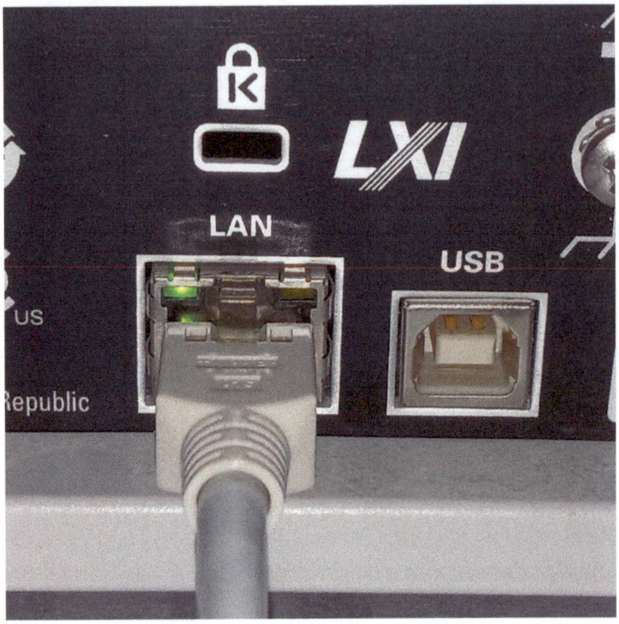


**Abb. 4.1** LXI am HMC8012 Multimeter

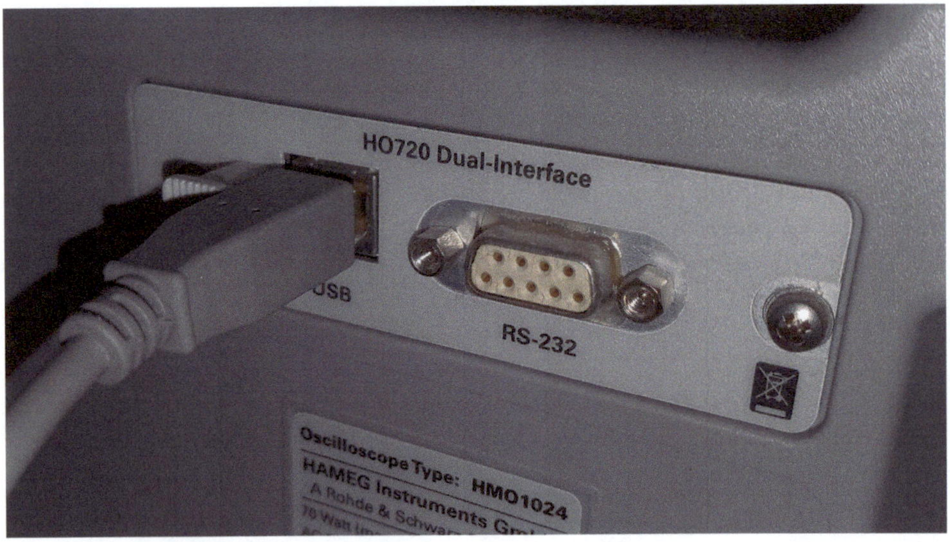


**Abb. 4.2** Interface beim R&S Oszilloskop

a) Das Multimeter HMC8012 lässt sich sowohl über LAN als auch über USB ansteuern. Es muss im Menü des Displays die Schnittstelle entsprechend ausgewählt werden.
b) Mit dem HO720 Interface lässt sich das HMO1024 Oszilloskop per USB oder RS232 fernsteuern. Auch hier wird im Menü des Displays die Schnittstelle ausgewählt.
c) Anders sieht es beim AFG3021B aus, nur über die LAN- oder GPIB- Schnittstelle lässt sich das Gerät ansteuern. Der USB-Anschluss ist für einen Drucker gedacht. Im Display lässt sich daher nur LAN oder GPIB als Kommunikationsschnittstelle einstellen.

**Abb. 4.3** USB, LAN und GPIB am AFG3021B

Grundsätzlich muss bei einem Gerät mit einem LXI-Anschluss eine IP-Adresse zugeordnet werden, sei es per DHCP oder eine fest eingestellte Adresse. Dies kann man in den Einstellungen des jeweiligen Gerät festlegen. Ältere Geräte mit einem GPIB-Port benötigen ebenfalls eine Adresse, die über Tastenkombinationen im Display eingestellt werden muss.

Besitzt ein Gerät nur die GPIB-Schnittstelle, so kann man mittels LAN ← →GPIB oder USB ← →GPIB-Adapter dieses nachrüsten, um das Gerät dann eben per LAN oder USB zu steuern. Verschiedene Hersteller (Prologix, NI etc.) bieten solche Adapter an (www.ni.com/de-de/shop/model/gpib-usb-hs.html, https://prologix.biz). Allerdings sind sehr viele Hürden zu nehmen, um diese am Raspberry Pi in Betrieb zu nehmen. Für einen USB ← →GPIB- Adapter jedoch gibt es ein Open Source Projekt, auf welches ich später im Anhang eingehen werde. Link: https://github.com/xyphro/UsbGpib/. Unter https://github.com/elektronomikon/raspi_gpib_shield wird das Raspberry Pi GPIB-HAT von Thomas Klima vorgestellt. Weder ein kommerzieller USB-GPIB- Adapter noch der eben genannte GPIB-HAT findet hier Verwendung.

## 4.1 Übersicht Netzwerkswitch und Messgeräte

Das folgende Bild und die Skizze zeigen den realen und schematischen Aufbau, den ich für die Experimente verwendet habe. Das Netzgerät (HMP2030), der Funktionsgenerator (AFG3021B) und die beiden Multimeter (HMC8012 und AG34410) sind per LAN über den Switch, das Oszilloskop (HMO1024) ist über einen USB-Hub am RPI 5 angeschlossen. Am USB-Hub wird außerdem im Mikrocontrollerprojekt der Programmieradapter (usbasp) angeschlossen. Des weiteren sind am USB-Hub das Multimeter AG34401 und Sourcemeter KL2400 angeschlossen, allerdings mit einem zusätzlichen USB-RS232 Adapter. Mehr dazu ist im Anhang zu finden.

Der PC mit dem Betriebssystem Linux Mint greift remote über den TigerVNC- Viewer auf den RPI zu und ist am Switch angeschlossen. Ebenfalls am Switch angeschlossen ist ein DHCP-Server, für die Vergabe der IP-Adressen im Netz. Der IP-Adressraum wurde mit 192.168.178.0/255.255.255.0 festgelegt.

Die externe Elektronik ist mit der GPIO-Leiste des RPi 5 verbunden, ohne jedoch die darauf befindlichen 3,3 V/5 V zu verwenden. Dafür gibt es für die externe Elektronik eine eigene 9 V Spannungsquelle. Der Masseanschluss der 9 V Versorgung ist natürlich mit dem GND des RPi 5 verbunden. Weitere Hinweise zur jeweiligen Elektronik und Beschaltung der Relais zu den Messgeräten sind in den Beispielen zu finden (Abb. 4.4 und 4.5).

**Abb. 4.4** Die aufgebaute Hardware mit dem RPi 5

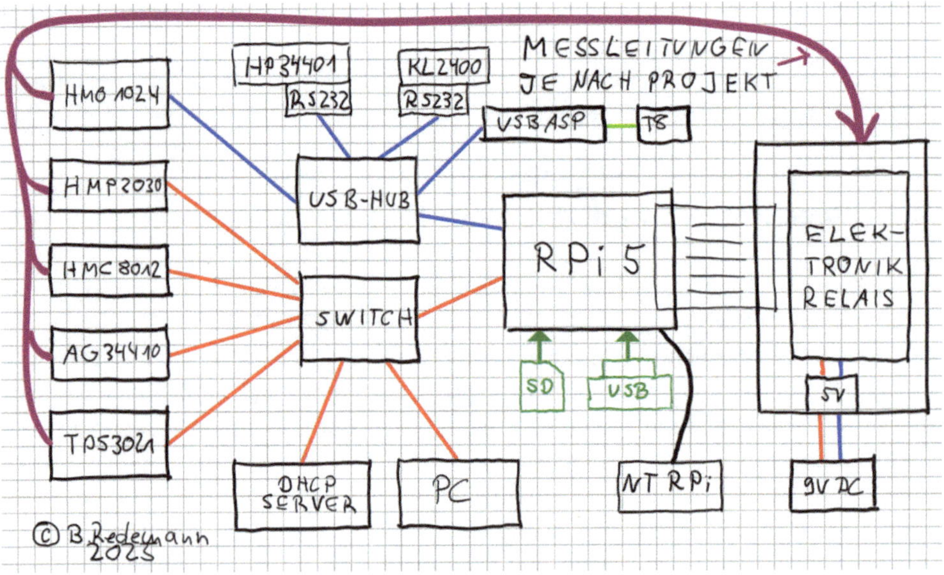


**Abb. 4.5** Gesamtaufbau schematisch4 Messgeräte einstellen und auslesen mittels VISA (hier pyvisa)

# SCPI

# 5

Als Befehlssprache für steuerbare Geräte wird SCPI (= Standard Commands for Programmable Instruments, skippi ausgesprochen) eingesetzt, eine standardisierte Abfragesprache. Diese Sprache basiert auf einem hierarchischen Aufbau, der als Baumsystem bezeichnet wird. In ihr werden die Befehle unter einem gemeinsamen Knoten zusammengefasst und bilden so Untersysteme (Subsystems). Es gibt sog. „Common Commands“ und „Subsystem Commands“. Typische Common Commands sind z. B. *IDN? oder *RST, welche keine weiteren Parameter enthalten und nicht Teil der Subsystem Commands sind:

```
                               SCPI
                                 |
COMMON COMMANDS  <-------------> SUBSYSTEM COMMANDS
     *RST                                 :SYSTem
     *IDN?                                :VOLTage
```

Hier ein Auszug aus dem Programmers Manual des Multimeters HMC8012 (Subsystem Command CONFigure) zur Veranschaulichung dieses Baumsystems:

```
CONFigure
  [:VOLTage]
    [:DC] [{<Range>| AUTO | MIN | MAX | DEF}]
    [:AC] [{<Range>| AUTO | MIN | MAX | DEF}]
  [:CURRent]
    [:DC] [{<Range>| AUTO | MIN | MAX | DEF}]
    [:AC] [{<Range>| AUTO | MIN | MAX | DEF}]
  ...
```



B. Redemann, *Automatisiertes Messen mit steuerbaren Geräten und dem Raspberry Pi 5*, https://doi.org/10.1007/978-3-658-52314-5_5

Das sogenannte „root command“, hier CONFigure, wird gefolgt von zwei weiteren Subsystem Commands, nämlich VOLTage und DC. Diese sind jeweils durch einen Doppelpunkt getrennt. Nach dem letzten Subsystem Command erfolgt die Angabe der Parameter (getrennt durch ein Leerzeichen), im obigen Beispiel ist es der Messbereich <Range>, auf den das Multimeter eingestellt werden soll.

Nun zu den Klammern, die verwirrend sein können:

1) Die eckigen Klammern [] beinhalten entweder ein Subsystem Command oder den Wert eines Parameters. Die Parameter sind obligatorisch. Die eckigen Klammern werden nicht mit der Befehlszeichenfolge gesendet.
2) Die geschweiften Klammern {} schließen die Parameterauswahl für eine bestimmte Befehlszeichenfolge ein. Die geschweiften Klammern werden nicht mit der Befehlszeichenfolge gesendet.
3) Ein vertikaler Strich (Pipe) | trennt mehrere Parameteroptionen für eine bestimmte Befehlszeichenfolge. Es kann nur eine Option verwendet werden. Es ist also eine ODER-Verknüpfung.
4) Spitze Klammern <> geben an, dass man einen Wert für den eingeschlossenen Parameter angeben muss. In den spitzen Klammer steht also der Bezeichner für die darauffolgenden Parameter, hier also der Messbereich <Range > des Multimeters. Sowohl die spitzen Klammern als auch „Range“ werden nicht mit der Befehlszeichenfolge gesendet.
5) Doppelpunkte: trennen den Befehl von einem weiteren Befehl zu einer niedrigeren Ebene des Subsystems. Sie müssen immer mit angegeben werden.
6) Bei mehreren Parametern, die angegeben werden können, muss zwischen diesen ein Komma gesetzt werden.

Im Programm wird der Befehl also wie folgt geschrieben (Beispiel 400 mV)

... **`CONFigure:VOLTage:DC 400mV`**

Die Groß- und Kleinbuchstaben zeigen an, dass der Befehl auch abgekürzt geschrieben werden kann, also so:

... **`CONF:VOLT:DC 400mV`**

In dem o. g. Beispiel zum Einstellen des Multimeters auf den Gleichspannungsmessbereich von 400 mV muss jedoch für das Kommando noch etwas angegeben werden, nämlich ob es sich um ein „Einstellen“ (**write**), ein „Lesen“ (**read**) oder eine „Abfrage“ (**query**) handelt. Die read-Abfrage kommt allerdings in den wenigsten Fällen vor. In allen Fällen wird in den praktischen Beispielen mit **write** und **query**-Kommandos gearbeitet. Das query-Kommando ist eine Kombination aus write und read.

Hier müsste also ein „write“ davor gesetzt werden, da das Multimeter auf diesen Messbereich eingestellt werden soll, sodass der Programmaufruf **write(‘CONFigure:VOLTage:DC 400mV’)** lautet. Für den Aufruf in Python gibt es weitere Dinge, die zu beachten sind. Mehr dazu im praktischen Teil.

Bei einer Abfrage wird ein „query“ vor das SCPI-Kommando gesetzt, dieses Kommando beinhaltet auch ein Fragezeichen nach dem Kommando. So kann z. B. mit dem SCPI-Kommando **IDN?* die Identität des Gerät heraus gefunden werden, sodass hier der Programmaufruf **query(‘*IDN?’)** lautet. Dabei wird der Hersteller, die Modellnummer, die Seriennummer und Software-Version ausgegeben. Die Common Commands sind im Standard IEEE488 definiert und sollten für jedes Messgerät funktionieren.

In den Programmiermanuals der jeweiligen Geräte sind die Subsystem – Kommandos aufgelistet, die abgesetzt werden können. Hier zwei Beispiele dazu:

a) Das Multimeter HMC8012 von R&S soll in den Gleichspannungsmessbereich 400 mV eingestellt und die Spannung dann ausgelesen werden.

Messbereich einstellen:
**CONFigure[:VOLTage][:DC] [{<Range>| AUTO | MIN | MAX | DEF}]** (Seite 46[1])
Mit dem Wert wäre der Aufruf und dem SCPI-Kommando „write“:
**write CONFigure:VOLTage:DC 400 mV** oder
**write CONF:VOLT:DC 400 mV**

Messwert abrufen:
**MEASure[:VOLTage]:DC? [{<Range>| AUTO | MIN | MAX | DEF}]** (Seite 34[1])
Mit dem Wert wäre der Aufruf und dem SCPI-Kommando „query“:
**query MEASure:VOLTage:DC? 400mV** oder
**query MEAS:VOLT:DC? 400mV**

b) Am Netzgerät E3631A von Keysight soll am Ausgang eine Spannung von 25 V, die Strombegrenzung auf 1 A eingestellt und der Ausgang eingeschaltet werden:

Spannung einstellen:
**[SOURce:]VOLTage {<voltage>|MIN|MAX}** (Seite 84[2])
Mit dem Wert wäre der Aufruf und dem SCPI-Kommando „write“:
**write SOURce:VOLTage 25 V** oder **write SOUR:VOLT 25V**

Strombegrenzung einstellen:
**[SOURce:]CURRent[:LEVel][:IMMediate][:AMPLitude]?[MIN|MAX]** (Seite 84[2])
Mit dem Wert wäre der Aufruf und dem SCPI-Kommando „write“:
**write SOURce:CURRent 1A** oder **write SOUR:CURR 1A**

Kanal einschalten:
**OUTPut [:STATe] {OFF|ON}** (Seite 84[2])
Mit dem Wert wäre der Aufruf und dem SCPI-Kommando „write“:
**write OUTPut:STATe ON**

## Quellen

1) R&S HMC8012 Digital Multimeter SCPI Programmers Manual
   Link: https://scdn.rohde-schwarz.com/ur/pws/dl_downloads/dl_common_library/dl_manuals/gb_1/h/hmc8012_1/HMC8012_SCPI_ProgrammersManual_en_01.pdf
2) Keysight E3631A Triple Output DC Power Supply User's Guide
   Link: https://www.keysight.com/us/en/assets/9018-01308/user-manuals/9018-01308.pdf

**Weitere Quelle**

https://archive.org/details/scpi-99-vol-1/mode/2up
https://embeddeddesignblog.blogspot.com/2015/01/standard-commands-for-programmable.html

# 6 Weitere Pakete in Thonny installieren

Doch nun wieder etwas Praktisches. Um nun diese Dinge in Python mit dem RPi zu realisieren, sind einige Vorbereitungen in der IDE Thonny zu treffen.

Wie oben beschrieben, wurde ein generelles Verzeichnis (Control_Instruments) erstellt und in Thonny wurde dazu eine virtuelle Umgebung eingerichtet. Schaut man in dieses Verzeichnis mit dem Dateimanager, sind dort bereits einige Verzeichnisse angelegt worden (bin, lib, include) die in keiner Weise geändert werden dürfen. In diesen Verzeichnissen sind die benötigten Module/Pakete für die Projekte, aber auch die Pythonumgebung selbst abgelegt. Für steuerbare Messgerät bietet sich dort pyvisa (https://pyvisa.readthedocs.io/en/latest/) an, ein Paket, welches den Zugriff auf steuerbare Geräte mittels Python erlaubt.

Um nun mittels pyvisa auf ein zu steuerbares Gerät zugreifen zu können, müssen in Thonny weitere Pakete installiert werden. Dazu geht man wie folgt vor: Unter *Werkzeug → verwalte Pakete* sucht man nach *pyvisa* und installiert dieses Paket (Abb. 6.1):

Weitere Pakete werden außerdem in derselben Art und Weise installiert:

*pyvisa-py, zeroconf, pyusb, pyserial* und *psutil.* Diese Pakete werden automatisch über https://pypi.org/ heruntergeladen, der „Python Package Index" Seite.

Somit ist Thonny für eine erstes Testprogramm zum Abfragen von angeschlossenen Geräten eingerichtet. Für den RPi bedeutet dies, dass dort nur Geräte mit LAN oder USB angeschlossen werden können. Für Geräte mit GPIB-Schnittstelle wird ein LAN-GPIB oder USB-GPIB-Adapter benötigt.



B. Redemann, *Automatisiertes Messen mit steuerbaren Geräten und dem Raspberry Pi 5*, https://doi.org/10.1007/978-3-658-52314-5_6

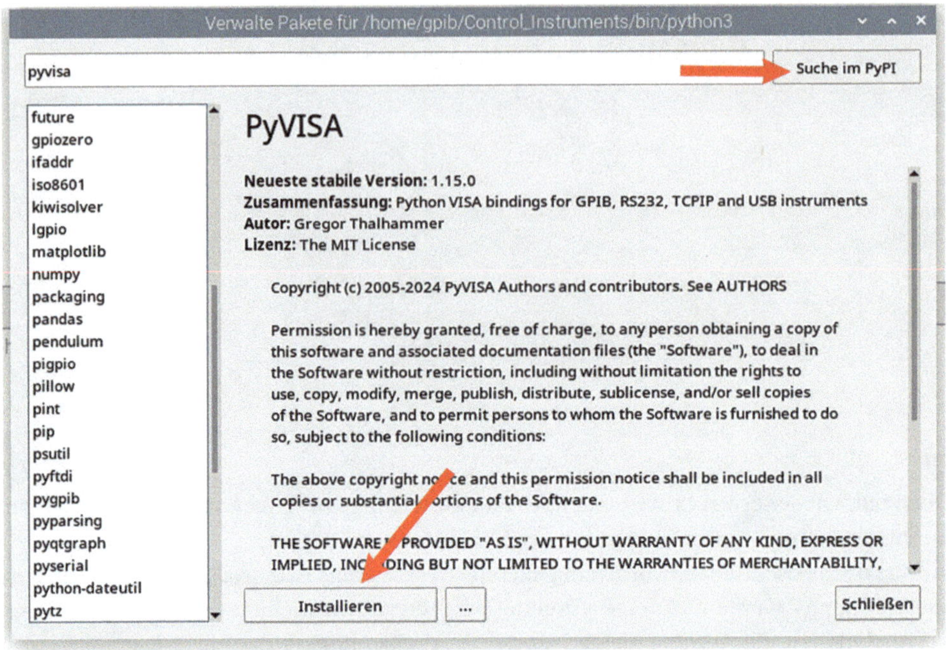


**Abb. 6.1** Weitere Pakete installieren. Hinweis: Sollte in Thonny folgende Fehlermeldung erscheinen: „PROBLEM IN THONNY'S BACK-END: … No module named 'pkg_resources'...", so muss zunächst das „Setuptool" installiert werden. Im Terminal dann folgendes aufrufen: /home/<user>/Control_Instruments/bin/python3 -m pip install –upgrade setuptools

## 6.1 Hinweise zu Geräten mit LAN

Bei den Geräten mit LAN-Anschluss sollte ein DHCP-Server verfügbar sein (im Heimnetzwerk meist die DSL-Box) oder die Geräte (auch der RPi) müssen eine feste IP-Adresse zugeteilt bekommen. Mit dem Terminalkommando *ping<IP-Adresse>*kann man ggf. überprüfen, ob das gewünschte Gerät erreichbar ist.

## 6.2 Hinweise zu Geräten mit USBTMC

Bei diesen Geräten kann man im Terminal mit dem Kommando *lsusb* überprüfen, ob das Gerät erkannt wurde. Nicht immer funktioniert die Kommunikation über USBTMC, in solchen Fällen kann man auf die USB-Klasse CDC (Communications Device Class) am Gerät umschalten. Diese Geräteklasse stellt eine serielle Schnittstelle zur Verfügung (unter Linux/Raspberry Pi ist das dann z. B. ttyASM0), die dann im Programm aufgerufen werden muss. Weitere Hinweise dazu weiter unten zum Netzgerät HMP2030 von R&S.

# 7 Wichtiger Hinweis zur Schreibweise des Programmcodes

In einigen Fällen kommt es vor, das die Breite dieses Blatts nicht ausreicht, um einen Befehl in einer Zeile zu schreiben, so z. B.:

```
hmp2030=rm.open_resource('TCPIP0::192.168.178.99::5025::SO-
CKET', read_termination = '\n', write_termination = '\n',
timeout = 5000)
```

Diese Befehlszeile ist als eine Zeile zu sehen. Ich verzichte hierbei auf das Backslash (\)-Zeichen nach *SOCKET'*,, welches die Fortsetzung des Befehls in einer neuen Zeile kennzeichnet, da dies hier nur zur Verwirrung beiträgt. In manchen Fällen habe ich deshalb die abgekürzte Form bei den SCPI- Kommandos gewählt.

Die Hochkomma (') und Anführungszeichen (") haben in Python die gleiche Funktion. In allen print()-Anweisungen, wo diese notwendig sind (z. B.: *print("Angeschlossene Geräte ...")* ), werden Anführungszeichen verwendet, in allen anderen Fällen Hochkommata. Werden beide Zeichen benötigt, so ist es wichtig, diese nicht abwechselnd zu verwenden, sondern ineinander, Beispiel: *Befehl(" . . . ' . . ' . . . ")* .

Ein „pretty print" oder der „Styleguide PEP 8" kann hier, auch aus Platzgründen, nicht immer eingehalten werden. Das betrifft z. B. das Einrücken (indents), welches mit vier Leerzeichen erfolgen sollte. Dennoch habe ich versucht, den Code gut lesbar und mit Kommentaren versehen zu gestalten.



B. Redemann, *Automatisiertes Messen mit steuerbaren Geräten und dem Raspberry Pi 5*, https://doi.org/10.1007/978-3-658-52314-5_7

# 8 Programm: Angeschlossene Geräte auflisten

Hinweis: Alle Programme wurden von mir auf dem RPi 5 erstellt und getestet. Sie dienen nur als Vorlage und Beispiel für eigene Projekte.

Das erste Programm soll alle angeschlossenen Geräte (sei es über LAN, GPIB oder USB) erkennen. In diesem Beispiel habe ich auch gleich ein paar Kommentare zur Funktionsweise des Programms eingefügt.

→ Kommentare werden in Python mit # (zeilenweise) oder """""" (abschnitts-weise) gekennzeichnet

```
# ***************************************
# Einfaches Pythonprogramm zum Erkennen
# von Geräten im Netz mittels pyvisa
# ***************************************
```

→ Das Modul *pyvisa*, welches ja in Thonny als Paket hinzugefügt wurde, wird importiert, um die Funktionen daraus aufrufen zu können.

```
import pyvisa
```

→ Mit *rm=pyvisa.ResourceManager()* wird eine Instanz erstellt und der Variablen rm zugewiesen. Pyvisa ist die Bibliothek und ResourceManager() ist eine Klasse aus dieser Bibliothek. Später wird rm verwendet, um auf Funktionen der ResourceManager-Objekts zuzugreifen (z. B. *rm.list_ resources()*).

```
rm = pyvisa.ResourceManager()
```



B. Redemann, *Automatisiertes Messen mit steuerbaren Geräten und dem Raspberry Pi 5*, https://doi.org/10.1007/978-3-658-52314-5_8

→ Nun wird die Funktion list_resources aus der *ResourceManager()*-Klasse aufgerufen und das Ergebnis in resources abgelegt.

```
resources = rm.list_resources()
```

→ Anstelle der obigen beiden Kommandos könnte man auch schreiben:

```
resources = pyvisa.ResourceManager().list_resources(),
```

allerdings wird das ggf. etwas unübersichtlich und aufwendig, zumal es weitere Funktionsaufrufe mit dem Objekt *rm* geben (z. B. *rm.open_resource()*) wird.

→ Printanweisung zur Ausgabe der Ressourcen (Variable {*res*}) mit dem print-Befehl. Das „f" (f-String) in der Printanweisung legt fest, dass sich in den geschweiften Klammern die Variable *resources* als formatierter String befindet. Diese Art der Schreibweise wird auch in den folgenden Programmen zu sehen sein.

```
print(f"Angeschlossene Geräte: {resources}")
```

Nach dem Ausführen des Programms wird das Ergebnis in etwa wie folgt aussehen:

```
('ASRL/dev/ttyUSB0::INSTR', 'ASRL/dev/ttyAMA10::INSTR')
```

→ In diesem Fall ist ein USB-Gerät mit der Bezeichnung ASRL/dev/ttyUSB0 erkannt worden. Der ttyAMA10 Port ist die serielle Schnittstelle auf dem RPi und kann ignoriert werden. Um welches Gerät es sich handelt, kann man z. B. mit *lsusb* im Terminal feststellen.

Bei einem Gerät, welches über LAN angeschlossen ist, würde z. B. solch ein Ergebnis zu sehen sein:

```
('ASRL/dev/ttyAMA10::INSTR','TCPIP::192.168.178.112::INSTR')
```

## 8.1 Hinweise zu nicht angezeigten Geräten

Es gibt Fälle, in denen ein angeschlossenes Gerät mit der oben gezeigten Abfrage nicht angezeigt wird. So z. B. das HMP2030 Netzgerät von Rohde & Schwarz, wenn es per LAN angeschlossen ist. Auch wenn alle Einstellungen am Gerät korrekt vorgenommen wurden, wird es nicht erkannt. Auch ein normales Öffnen des Geräts mit *rm.open_resource(<IP-Adr.>::<Port>:: SOCKET)*, siehe weiter unten, funktioniert nicht.

Dazu gibt es folgende Lösung, um das Gerät zu steuern (Quelle https://github.com/pymeasure/pymeasure/issues/636).

Die IP-Adresse wurde am Gerät über DHCP eingestellt:

```
hmp2030=rm.open_resource('TCPIP0::192.168.178.99::5025::SO-
  CKET', read_termination = '\n', write_termination = '\n',
  timeout = 5000)

print(hmp2030.query('*IDN?'))
hmp2030.write('SYST:LOC')
hmp2030.close()
```

Hierbei erkennt man, dass neben dem Timeout (hier 5 s) auch die Befehlsbeendigung mit „\n" (also neue Zeile) abgeschlossen werden muss. Wichtig ist es auch, mit *hmp2030.close()* die Session zu schließen, da es evtl. bei anderen Aufrufen zu Fehlern kommen kann. Bei anderen Gerät ist außerdem darauf zu achten, dass die Porteinstellung für die Netzwerkverbindung richtig ist. Die ist i. d. R. in den Einstellungen des Geräts zu finden und muss entsprechend angepasst werden.

# 9 Programm: Geräteidentität abfragen

In einer Erweiterung des ersten Programms (für das USB-Gerät) kann nun das Gerät geöffnet und die Identität abgefragt werden:

```
hmo1024 = rm.open_resource('ASRL/dev/ttyUSB0::INSTR')
```

→ Die erkannte Ressource wird geöffnet und in *hmo1024* abgelegt. Man erkennt, dass hier nun ein HMO1024-Oszilloskop an ttyUSB0 angeschlossen ist. Der Variablenname sollte stets sinnvoll vergeben werden, um die verschiedenen Geräte zu identifizieren. Später wird man das in den weiteren Beispielen sehen.

→ SCPI-Abfrage-Kommando (Common Command) *query* wird aufgerufen und die ID des Geräts abgefragt. Die Printanweisung liefert das Ergebnis.

```
print("Die Identität des Geräts lautet:")
print(hmo1024.query("*IDN?"))
```

→ Ergebnis (im unteren Fenster):

```
Angeschlossene Geräte:
('ASRL/dev/ttyUSB0::INSTR', 'ASRL/dev/ttyAMA10::INSTR')
Die Identität des Geräts lautet:
HAMEG,HMO1024,014024874,04.522
```

Die SCPI-Abfrage **IDN?* liefert also den Hersteller, den Gerätetyp, die Seriennummer und die Softwareversion. Nicht vergessen, das Programm zu speichern.



B. Redemann, *Automatisiertes Messen mit steuerbaren Geräten und dem Raspberry Pi 5*, https://doi.org/10.1007/978-3-658-52314-5_9

Hinweis zur Handhabung in Thonny: Wenn man nicht genau weiß, ob das Programm ohne Fehler durchläuft, kann man z. B. im unteren Fenster erst einmal den Pythonbefehl eingeben, um zu sehen, ob dieser o. k. ist. Anschließend kopiert man den funktionierenden Befehl in das obere Fenster und speichert die Datei ab. Das erspart ggf. eine aufwendige Fehlersuche.

## 9.1 Fehlerhinweise

Immer wieder kommt es zu Fehlermeldungen, dabei noch einmal überprüfen:

- Arbeitsverzeichnis und Virtuelle Umgebung angelegt?
- Richtiges Paket installiert?
- Schreibweise richtig?
- Absätze richtig (z. B. bei Schleifen etc.)?
- Die Fehlermeldung genau lesen, dort steht teilweise, was falsch ist oder fehlt
- Bei komplexeren Fehlermeldungen bringt die Suche im Internet oder eine gezielte und detaillierte Frage an eine KI einen Lösungsvorschlag, denn man ist sicher nicht der Erste, bei dem der Fehler auftritt.
- Es erscheint folgende Fehlermeldung:

PROBLEM IN THONNY'S BACK-END: Exception while handling 'Run' (UnicodeEncodeError: 'utf-8' codec can't encode character '\udce4' in position 91: surrogates not allowed). See Thonny's backend.log for more info. Process ended with exit code 1.

Dies deutet darauf hin, dass man z. B. aus Office oder einem PDF-Dokument einen Text in den Editor von Thonny kopiert hat und sich dort Umlaute befinden. Abhilfe schafft dann nur, entweder das einzelne Eintippen des Codes in Thonny, oder die Umlaute im Ursprungsdokument zu ersetzen.

## 9.2 Oszilloskop einstellen

Erst wenn eventuelle Fehler behoben wurden, kann man mit der Einstellung für das Oszilloskop und der Abfrage z. B. nach der gemessenen Spannung beginnen.

Um testweise eine Einstellung am Oszilloskop zu tätigen (siehe oben, Hinweis), kann man im unteren Fenster von Thonny die passenden Pythonbefehle absetzen. Dazu ist i. d. R. das Programming Guide des jeweiligen Geräts notwendig, um zu sehen, wie die Parameter geschrieben werden müssen. Hier das Beispiel für das HMO1024:

```
>>> device.write('CHANnel1:POSItion 0')
>>> 21
```

Die 21 signalisiert hier, dass das Oszilloskop das SCPI-Kommando angenommen und den Kanal 1 in die horizontal Mitte eingestellt hat. Würde das Oszilloskop nicht angeschlossen sein oder das Kommando nicht annehmen, kommt es zu einer, teilweise auch langen, Fehlermeldung. Wenn man am Oszilloskop per Hand den Kanal in der Vertikalen verschiebt und anschließend nochmal den o. g. Befehl eingibt, sollte das am Oszilloskop zu sehen sein.

Weitere Kommandos folgen nun:

```
>>> device.write('MEASurement1:SOURce CH1')
22
>>> device.write('MEASurement1:MAIN FREQuency')
29
```

→ Hier werden die nun SCPI-Kommandos, die im Programmiermanual zu finden sind, aufgerufen. Alle werden mit „write" gesendet, also sind es Kommandos zur Einstellung des Messgeräts.

Um eine weitere Messung durchzuführen muss anstelle von MEASurement1 dann MEASurement2 eingesetzt werden, z. B. zum Auslesen des zweiten Kanals. Ein Beispiel dazu bietet weiter unten das Programm zum Tiefpassfilter.

```
>>> f_ch1 = device.query('MEASurement1:RESUlt?')
>>> print (f"{f_ch1}")
```

→ Nun wird mit einer Abfrage („query") das Messergebnis in die Variable freq_ch1 (also Frequenz, Kanal1) geschrieben und mit print() ausgegeben.

→ Ergebnis:

```
1.001803E+03
```

Das Ergebnis von 1.001803E+3 ist die Angabe der Frequenz in Hz, es ist also ein Signal mit einer Frequenz von 1 kHz an Kanal 1 des Oszilloskops angelegt worden. Sind die Einzelaufrufe erfolgt, kann nun im oberen Bereich von Thonny der Code eingeben und das Programm abgespeichert werden. Im folgenden Beispiel sieht man einige Ausgabemöglichkeiten und deren Resultat:

```
# ***************************************************
# Einfaches Pythonprogramm zum Einstellen des hmo1024
```

```
# Oszilloskops und Messen der Frequenz mittels pyvisa
# ****************************************************
```

→ Importieren der notwendigen Bibliotheken. Time ist für Pausen sehr nützlich, wie man im Programm dann sieht.

```
import pyvisa
import time
```

→ Aus der Klasse ResourceManager die list_resources Funktion aufrufen

```
rm = pyvisa.ResourceManager()
resources = rm.list_resources()
```

→ Die Ausgabe in zwei verschiedenen Möglichkeiten. An der zweiten print-Anweisung erkennt man gut das Zusammenspiel zwischen Text und Variablen, welches in python sehr einfach zu realisieren ist.

```
print("Angeschlossene Geräte:")
print(resources)
print(f"Angeschlossene Geräte: {resources}")
```

→ Öffnen des Geräts, in diesem Fall das HMO1024 Oszilloskop. Abfrage der Geräte-ID.

```
hmo1024 = rm.open_resource('ASRL/dev/ttyUSB0::INSTR')
print(hmo1024.query("*IDN?"))
```

→ Einstellung am Oszilloskop durchführen: Kanal 1 mittig und für die Frequenzmessung vorbereiten.

```
hmo1024.write('CHANnel1:POSItion 0')
hmo1024.write('MEASurement1:SOURce CH1')
hmo1024.write('MEASurement1:MAIN FREQuency')
```

→ Hier wird der rohe Wert in die Variable freq_ch1 geschrieben

```
freq_ch1 = (hmo1024.query('MEASurement1:RESUlt?'))
```

→ Hier wird der Wert als float in die Variable freq_ch1_float geschrieben

```
freq_ch1_float = float(hmo1024.query('MEASurement1:RESUlt?'))
```

→ Nun ein paar Beispiele der Ausgabe. Zunächst mit der Variablen freq_ch1_float:

```
print (freq_ch1_float)
print (f"Signalfrequenz: {freq_ch1_float} Hz")
print (f"Signalfrequenz: {freq_ch1_float:.1f} Hz")
print (f"Signalfrequenz: {freq_ch1_float / 1000} kHz")
print (f"Signalfrequenz: {freq_ch1_float / 1000:.3f} kHz")
```

→ Hier mit der Variablen freq_ch1:

```
print (freq_ch1)
print (f"Signalfrequenz: {freq_ch1} Hz")
print (f"Signalfrequenz: {freq_ch1:.1f} Hz")
print (f"Signalfrequenz: {freq_ch1 / 1000} kHz")
print (f"Signalfrequenz: {freq_ch1 / 1000:.3f} kHz")
```

→ Hier sieht man die Ausgabe der print-Anweisungen. Es erscheint am Ende eine Fehlermeldung, da die f-String-Formatierung nur bei String-Typen funktioniert. Da aber der Rohe Wert mit:.1f, also als Float mit einer Stelle hinter dem Komma definiert wird, ergibt das keinen String mehr.

Angeschlossene Geräte:

```
('ASRL/dev/ttyUSB0::INSTR', 'ASRL/dev/ttyAMA10::INSTR')
HAMEG,HMO1024,014024874,04.522
```

→ Mit float-Festlegung: Erst wird der Rohwert ausgegeben (a), dann durch die f-String-Formatierung mit Text (b), dann mit einer Stelle hinter dem Komma (c), dann der Wert in kHz (d) und in kHz mit drei Stellen hinterm Komma (e).

| | | |
|---|---|---|
| **1002.171** | -> (a) | |
| **Signalfrequenz: 1002.171 Hz** | → (b) | |
| **Signalfrequenz: 1002.2 Hz** | -> (c) | |
| **Signalfrequenz: 1.0021710000000001 kHz** | → (d) | |
| **Signalfrequenz: 1.002 kHz** | -> (e) | |

→ Man könnte auch die print-Anweisung wie folgt gestalten. Dabei wird Text und Variable mittels Pluszeichen aneinander gekettet. Die ist jedoch nicht zu empfehlen, da der Code sehr unübersichtlich werden kann.

```
print ("Signalfrequenz :" + ("%.2f" %freq_ch1_float) + "Hz")
```

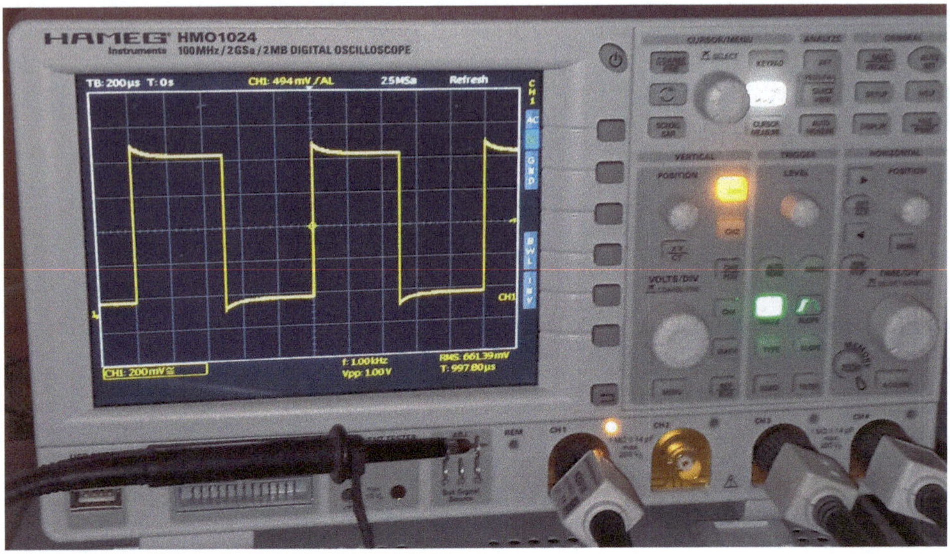


**Abb. 9.1** Signal am Oszilloskope

→ Ohne float-Festlegung: Erst wird der Rohwert ausgegeben (f), dann durch die f-String-Formatierung mit Text (g), dann mit einer Stelle hinter dem Komma (h). Es wird ein Fehler ausgegeben, da durch die Angabe.1f davon ausgegangen wird, dass es sich um eine Variable vom Typ float handelt. Dies ist nicht der Fall.

| | |
|---|---|
| `1.002171E+03` | → (f) |

| | | | |
|---|---|---|---|
| `Signalfrequenz: 1.002171E+03` | -(g) | | |
| `Traceback (most recent call last):` | | | |
| `File "/home/gpib/Control_Instruments/02_hmo1024-f_ch1.py", line 33, in <module>` | | | |
| `print (f"Signalfrequenz: {freq_ch1:.1f} Hz")` | | | |
| `ValueError: Unknown format code 'f' for object of type 'str'` | -> (h) | | |

Es ist also wichtig zu erkennen, dass die Formatierung der Variablen zu beachten ist, gerade dann, wenn man damit z. B. Berechnungen durchführen will, Listen verwendet oder z. B. (später) dann in einer Grafik darstellen möchte. Ich habe für diesen Test einfach nur das Rechtecksignal zur Tastkopfkompensation verwendet, wie man auf dem Bild sehen kann (o. k., der Tastkopf ist nicht kompensiert…) (Abb. 9.1).

Wird das Programm erweitert, um z. B. den $V_{PP}$ (Peak-to-Peak-Spannung) anzuzeigen, so sieht das dann folgendermaßen aus:

```
>>> device.write('MEASurement2:SOURce CH1')
22
```

```
>>> device.write('MEASurement2:MAIN VPP')
29
>>> vpp_ch1 = device.query('MEASurement2:RESUlt?')
>>> print (f' {vpp_ch1}')
```

Nicht vergessen, das Programm zu speichern.

Kleine Aufgabe dazu: Im Programm soll auch die Puls- und Pausenzeit gemessen und mit einer Stelle hinter dem Komma in µs ausgegeben werden.

# 10 Programm: Gleichspannung am DMM messen

In diesem Beispiel wird die angelegte Gleichspannung am Multimeter HMC8012 gemessen. Hier wird man sehen, dass zwischen der Einstellung und dem Auslesen des Messwert das Multimeter umschaltet, sodass dazwischen ein „time.sleep(1)“ eingebaut werden muss. Dazu muss die Bibliothek time importiert werden. Ohne diese Zeitverzögerung wird ein falscher Messwert ausgegeben. Hier der Code:

```
# *******************************************************
# Einfaches Pythonprogramm zum Einstellen des HMC8012 DMM und
  # Messen der angelegten Gleichspannung mittels pyvisa
# *******************************************************
import pyvisa
```

→ In diesem Beispiel unbedingt notwendig.

```
import time
```

→ Resourcemanager aufrufen

```
rm = pyvisa.ResourceManager()
resources = rm.list_resources()
print(f"Angeschlossene Geräte: {resources}")
```

→ Öffnen des Geräts und Abfrage der IDN


B. Redemann, *Automatisiertes Messen mit steuerbaren Geräten und dem Raspberry Pi 5*, https://doi.org/10.1007/978-3-658-52314-5_10

```
hmc8012 = rm.open_resource('TCPIP::192.168.178.112::INSTR')
print(hmc8012.query('*IDN?'))
```

→ Einstellen des Messbereichs auf 40 V (gemessen wird die Spannung einer 9 V-Batterie)

```
hmc8012.write('CONFigure:VOLTage:DC 40V')
```

→ Hier unbedingt notwendig, da sonst ein falscher Messwert gemessen wird. Das Multimeter benötigt Zeit zum Umschalten.

```
time.sleep(1)
```

→ Messung und Ausgabe des Messwerts

```
dc_voltage = hmc8012.query('MEASure:VOLTage:DC?')
print(f"Gemessene Gleichspannung: {dc_voltage}")
```

→ Besonderheit am HMC8012: Im Display erscheint nun für 2 s die Meldung „Messung abgeschlossen", siehe Bild unten.

```
hmc8012.write('DISP:TEXT "Messung abgeschlossen!"')
time.sleep(2)
hmc8012.write('DISP:TEXT:CLEar')
```

→ Ergebnis, auch hier wird die Schnittstelle ttyAMA10 angegeben, die ignoriert werden kann:

```
Angeschlossene Geräte:
('ASRL/dev/ttyAMA10::INSTR','TCPIP::192.168.178.112::I
  NSTR')

Gemessene Gleichspannung: 9.23947700E+00
```

Nicht vergessen, das Programm zu speichern (Abb. 10.1).

> Kleine Aufgabe dazu: Im Programm soll der Messwert lesbar in Volt ausgegeben werden.

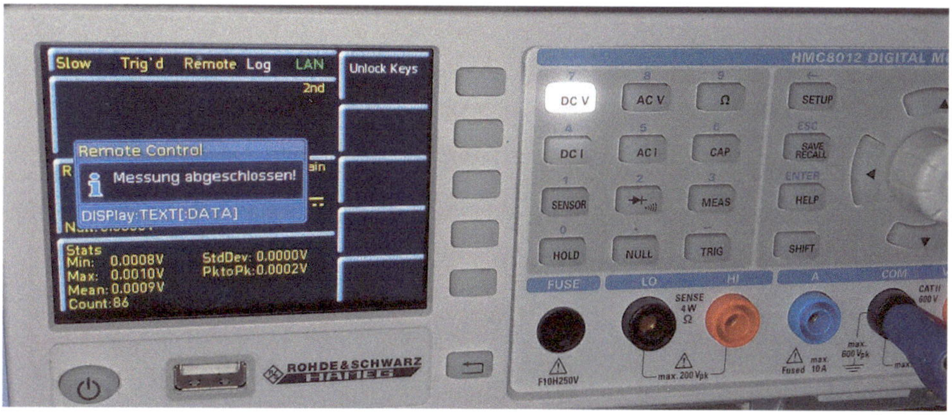


**Abb. 10.1.** Meldung am Multimeter

# 11 Programm: Einstellen und Messen der Spannung eines Netzgeräts

Nun wird das steuerbare Netzgerät vom Typ HMP2030 dazu verwendet, um eine Spannung einzustellen und mit dem Multimeter HMC8012 auszulesen. Der Nutzer soll dabei die gewünschte Spannung bis maximal 32 V eingeben. Dazu werden beide Geräte mittels **rm.open_resource()** geöffnet, auf den entsprechenden Kanal beim Netzgerät und beim Multimeter auf den entsprechenden Messbereich eingestellt. Vorher wird es eine Abfrage nach der gewünschten Spannung geben. Die beiden Geräte werden natürlich mittels Messleitungen verbunden. Da die IP-Adressen der Geräte bekannt sind, wird auf die Abfrage der Ressourcen verzichtet.

## 11.1 Schaltungsaufbau

Die beiden Geräte sind per LAN am RPi 5 angeschlossen. Die GPIOs des RPi werden hier noch nicht eingesetzt (Abb. 11.1).

```
# ***********************************************************
# Pythonprogramm zum Einstellen einer Spannung am hmp2030 und
# Auslesen dieser Spannung mit dem hmc8012 mittels pyvisa
# ***********************************************************
import pyvisa
import time
```



B. Redemann, *Automatisiertes Messen mit steuerbaren Geräten und dem Raspberry Pi 5*, https://doi.org/10.1007/978-3-658-52314-5_11

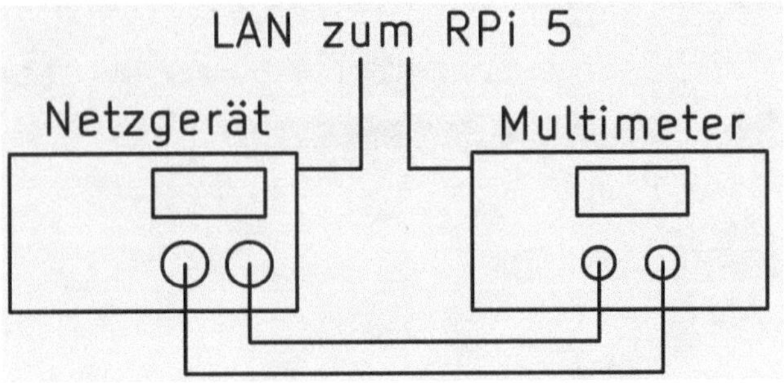


**Abb. 11.1** Verbindung von Netzgerät und Multimetern

→ Resourcemanager aufrufen

```
rm = pyvisa.ResourceManager()
resources = rm.list_resources()
```

→ Multimeter öffnen

```
hmc8012 = rm.open_resource('TCPIP::192.168.178.112:: INSTR')
```

→ Netzgerät öffnen, Achtung, hier die Besonderheiten in den Parametern beachten (u. a. für das HMP2030)

```
hmp2030 = rm.open_resource ("TCPIP0::192.168.178.99::5025::
  SOCKET", read_termination = '\n', write_termination = '\n',
  timeout = 5000)
# Hinweis: Bis hier alles in einer Zeile
```

## 11.2 Wichtiger Hinweis zum Labornetzgerät HMP2030

Wird das Labornetzgerät HMP2030 mittels USB ferngesteuert, so muss am Gerät entsprechend auf das Interface USB umgestellt werden. In den Settings wird als „USB Class" *CDC* ausgewählt. Der Aufruf erfolgt dann mit

`hmp2030 = rm.open_resource('ASRL/dev/ttyACM0::INSTR')` , wobei `ttyACM0` den Port des Geräts darstellt. Man kann dies im Terminal mit dem Kommando `ls ttyA*` im Verzeichnis */dev* dies vorher überprüfen.

→ Nun wird der Messbereich am Multimeter auf Gleichspannung und AUTO eingestellt:

```
hmc8012.write('CONFigure:VOLTage:DC AUTO')
time.sleep(1) # 1 Sekunde warten
```

→ Als nächstes wird gefragt, welche Spannung an Kanal 1 am Netzgerät eingestellt werden soll. Gespeichert wird dies in der Variablen v_output_1:

```
v_output_1 = input("Bitte die gewünschte Ausgangsspannung
  (Kanal 1) am HMP2030 eingeben: ")
```

→ Diese Information wird an das Netzgerät weitergegeben. Zunächst Kanal 1 auswählen:

```
hmp2030.write('INSTrument:SELect OUT1')
```

→ Dann die Eingabe als Variable einfügen, Spannung einstellen. Man sieht, dass in dem SCPI Befehl die Variable v_output_1 eingefügt wird, dazu steht nach der Klammer das f (wie oben weiter schon beschrieben):

```
hmp2030.write(f'SOURCe:VOLTage {v_output_1}')
```

→ Ausgang einschalten:

```
hmp2030.write('OUTPut:STATe ON')
```

→ Mit dem Multimeter messen und Ergebnis ausgeben:

```
dc_volt_1 = float(hmc8012.query('MEASure:VOLTage:DC? AUTO'))
print(f'Gemessene Spannung (DC) am Kanal 1: {dc_volt_1} Volt')
```

→ Am Ende muss das HMP2030 noch „geschlossen“ werden:

```
hmp2030.write('SYST:LOC')
hmp2030.close()
```

Diese kleinen Programme zum Ansteuern eines Messgerät mittels SCPI sollten einen ersten Eindruck verschaffen, wie dies mittels RPi 5 und Python funktioniert.

Ein wichtiger Hinweis dazu noch: Das Ansteuern von Messgeräten über VISA bzw. pyvisa im allgemeinen ist keine „Plug and Play“-Sache. Es treten immer wieder Fehler auf, die aber durch folgende Ratschläge behoben werden können:

1) Vor dem Auslesen bzw. nach dem Einstellen eines Messwerts ggf. ein time.sleep() setzen.
2) Überprüfen der richtigen IP-Adresse und Port. Die Einstellungen dazu können am Messgerät herausgefunden werden.

3) Überprüfen, ob das Messgerät eingeschaltet und mit dem RPi 5 über USB oder LAN verbunden ist. Ein **ping <IP-Adresse>** , ein **lsusb** oder **ls -l /dev/ttyU*** Aufruf im Terminal helfen dort weiter.
4) Beim Öffnen mit *rm.open_resource()* ggf. *write* und *read* termination und ein timeout einfügen (s. o.).
5) Wichtig ist die Unterstützung des Gerät LXI bzw. USBTMC (Handbuch).

Im nächsten Abschnitt geht es um die Ansteuerung der GPIOs auf dem RPi 5, denn nur so kann man automatisiert die Geräte untereinander und mit einer Schaltung oder einzelnen Bauteilen verbinden und dann Messungen durchführen. Nicht vergessen, das Programm zu speichern.

Kleine Aufgaben dazu: Ergänzen Sie das Programm so, dass der Anwender auch nach dem Kanal des Netzgeräts gefragt wird.

Entfernen Sie im Programm den time.sleep()-Befehl oder ändern Sie die Zeit auf einen kleineren Wert. Schauen Sie sich dann das Messergebnis an. Stellen Sie den Messbereich des DMM auf einen kleineren Wert in der „write"- und „query"-Abfrage. Wie sieht dann die Ausgabe aus?

# Die GPIOs 12

Bei den GPIOs (General Purpose Inputs and Outputs) des RPi handelt es sich um digitale Ein- und Ausgabepins, die angesteuert oder ausgelesen werden können. Wie bei einem Mikrocontroller können einige GPIOs nicht nur als einfache digitale I/O Pins fungieren, sondern (in Abhängigkeit der Software und Konfiguration des RPi) z. B. als TWI, SPI oder serielle Schnittstelle konfiguriert werden. Analoge Aus- oder Eingänge sind beim RPi nicht vorhanden. Hierfür werden D/A und A/D-Wandler notwendig.

## 12.1 Physikalische Eigenschaften der GPIOs

Wird ein Pin der GPIOs als Ausgang konfiguriert, so beträgt der Logiklevel H/L = 3,3 V/0 V (3,3 V Logik). Die externe Logik muss also auf diesen Level ggf. anpasst werden oder man verwendet gleich den Logiklevel von 3,3 V in der externen Schaltung.

Der maximale Ausgangsstrom pro Pin beträgt nur einige mA. Zum Anschluss von größeren Lasten (Motoren, Relais, Power-LED usw.) sind daher zwingend Treiber-ICs (ULN2003, TC4469 etc.) oder im einfachsten Fall Transistoren (BC337, IRLML6244, PVM45EN etc.) notwendig. Bei MOSFETs ist es wichtig, dass sie für einen Logikpegel von 3,3 V geeignet sind.

Für sehr kleine Lasten (Leuchtdiode, 2 mA) oder weiterer Signalverarbeitung können die GPIOs direkt verwendet werden. Man sollte jedoch immer beachten, dass die Ausgangsspannung nur 3,3 V beträgt. Das Betreiben z. B. von zwei blauen Leuchtdioden ($U_F$ = 3,2 V) in Reihe an einem Port funktioniert nicht. Wird ein Pin der GPIOs als Eingang konfiguriert, so ist zu beachten, das die GPIOs <u>nicht</u> 5 V-tolerant sind. Zum Anschluss einer 5 V Logik, (Logikgatter, Mikrocontroller) ist daher ein Spannungsteiler notwendig.



B. Redemann, *Automatisiertes Messen mit steuerbaren Geräten und dem Raspberry Pi 5*, https://doi.org/10.1007/978-3-658-52314-5_12

## 12.2 Spannungsanschlüsse 3,3 V und 5 V

An der 40-poligen Stiftleiste gibt es vier Spannungsanschlüsse, und zwar +5 V und +3,3 V (jeweils zwei mal). Diese Ausgangsspannungspins werden hier in den Experimenten jedoch nicht verwendet. Grund ist die Unsicherheit, falls etwas in der Schaltung nicht stimmt und der RPi dann eventuell Schaden erleidet. Ausnahmen: Das Einlesen von Tastern wird mittels Pullup-Widerstand an 3,3 V realisiert (siehe Bild unten, S1 und S2) und der DHT11-Sensor bekommt über den 3,3 V Anschluss seine Versorgungsspannung. Die 3,3 V und 5 V Pins werden mittels Leuchtdioden und Vorwiderstand zur Statusanzeige der Versorgungsspannungen verwendet.

Das folgende Bild zeigt die Übersicht über die 40 polige Stiftleiste des RPi. Mit dem Kommando *pinout* im Terminalfenster bekommt man eine ähnliche Abbildung. Auf der Seite https://pinout.xyz sind weitere Infos zu finden (Abb. 12.1 und 12.2).

**Bildquelle**

https://www.raspberrypi.com/documentation/computers/images/GPIO-Pinout-Diagram-2.png

Das obige Bild zeigt ein paar Anschlussmöglichkeiten für die GPIOs. Linke Seite: GPIOs als Ausgang konfiguriert, Motor oder Relais ansteuern, rechte Seite: GPIOs als Eingang konfiguriert, 3,3 und 5 V Logik mit Spannungsteiler.

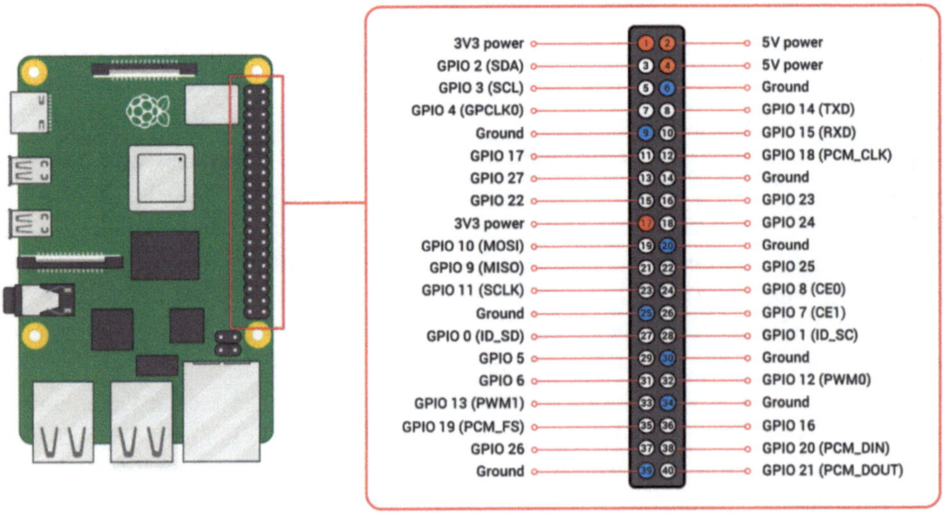


**Abb. 12.1** GPIOs am RPi 5

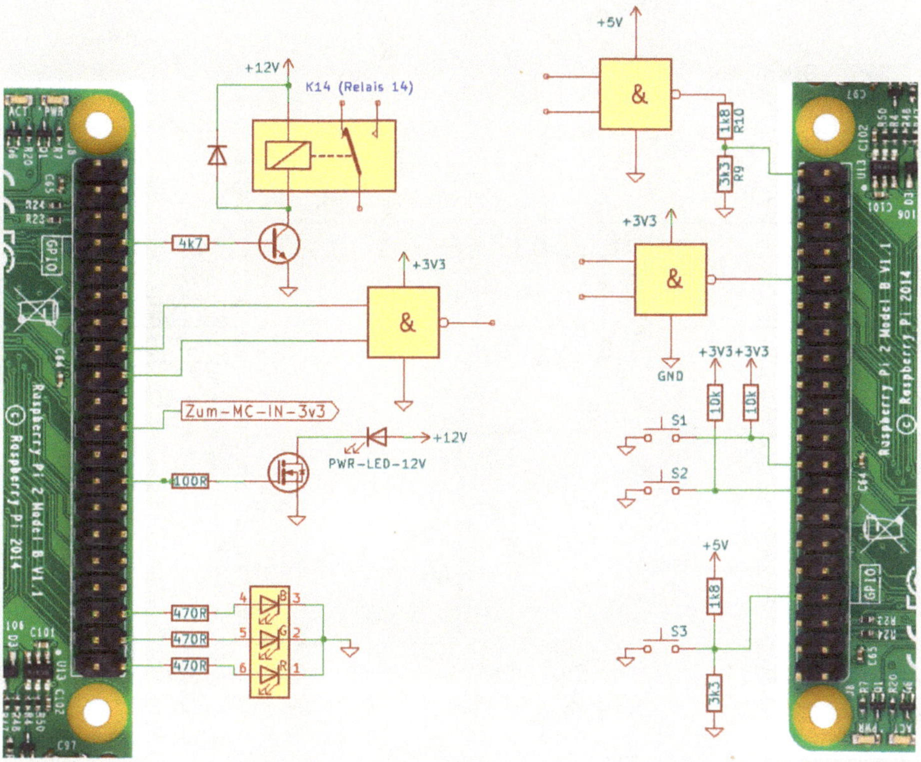


**Abb. 12.2** Anschlussmöglichkeiten an die GPIOs

## 12.3 Spannungswandler-IC TXS0108

Neben den o. g. Möglichkeiten den Logikpegel einer externen Schaltung an die 3,3 V für den RPi anzupassen sind sogenannte Spannungswandler (Levelconverter, Levelshifter) oft sehr sinnvoll. Werden z. B. mehrere Signale für eine 5 V Logik benötigt, so ist die Verwendung solch eines ICs die praktischere Lösung. Beispielhaft ist der TXS0108E zu nennen, der das entsprechende Signal (egal ob von 3,3 V nach 5 V oder umgekehrt) umwandelt. Wie im Datenblatt zu lesen, ist dieser als „richtungsloser“ Spannungswandler, der speziell für die Übersetzung von Logikspannungen entwickelt wurde. Port A akzeptiert E/A-Spannungen im Bereich von 1,4 V bis 3,6 V während Port B I/O-Spannungen von 1,65 V bis 5,5 V akzeptiert. Das IC verwendet intern eine sogenannte Pass-Gate-Architektur um zu erkennen, von welcher Seite her das Quellsignal kommt. Mit dem OE-Pin kann auch in den Tristate-Modus geschaltet werden, d. h. dass die Ausgänge hochohmig werden und somit keine Umwandlung stattfindet.

Die Abbildung zeigt die Anschlussmöglichkeit des TXS0108 an den RPi 5. GPIO18 steuert den Spannungswandler, ist OE auf high, so werden die Signale Rx und Tx

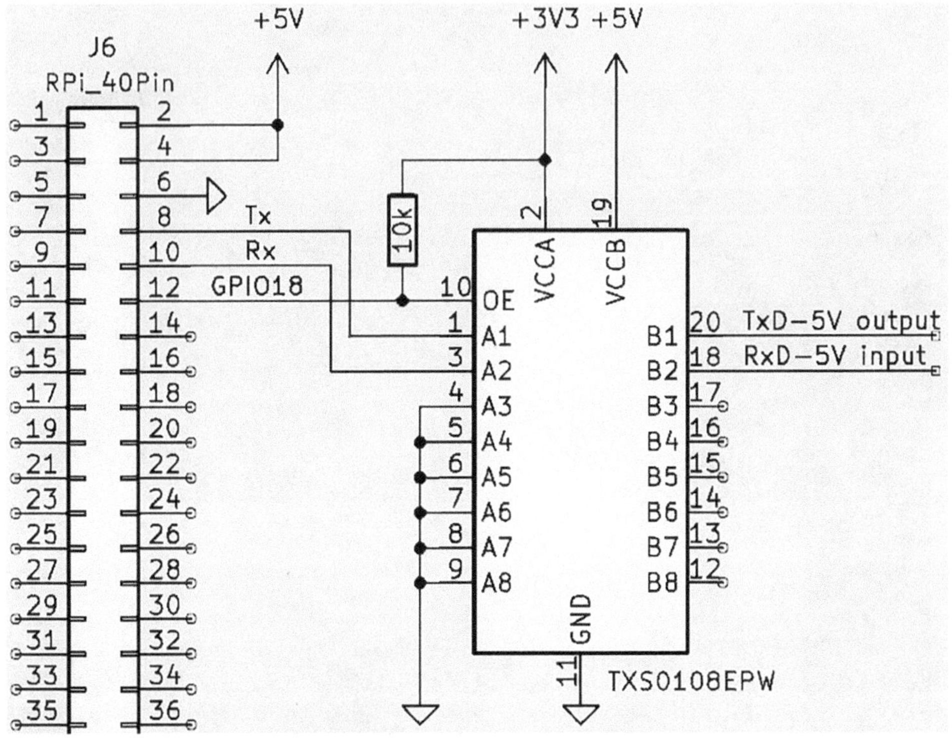


**Abb. 12.3** Beschaltung des TXS0108

entsprechend umgewandelt. Soll dauerhaft, also ohne Steuersignal OE gewandelt werden, so wird OE einfach an VCCA angeschlossen. Das Tx Ausgangssignal wird also auf 5 V umgewandelt während das RxD-5V Eingangssignal auf 3,3 V herunter gesetzt wird. Es spielt als dabei keine Rolle, von welcher Seite her das Signal anliegt. Die interne Pass-Gate-Architektur sorgt für die richtige Umwandlung. Externe Pull-Up Widerstände sind ebenfalls nicht notwendig. Nicht benutzte Eingänge werden auf ein festes Potenzial, z. B. GND gesetzt, die entsprechenden Ausgänge bleiben offen (Abb. 12.3).

## 12.4 Galvanische Trennung mittels Optokoppler

Eine galvanische Trennung zwischen dem RPi und der externen Elektronik ist immer dann notwendig, um z. B. Erdschleifen und damit auch Signalstörungen zu vermeiden, hoher von niedriger Signalspannung elektrisch zu trennen oder die eingesetzte Elektronik vor Überspannungen von Außen zu schützen. Die Signal- und Spannungsübertragung kann dabei mittels Optokoppler realisiert werden.

Auf der nächsten Abbildung ist beispielhaft die Anschlussmöglichkeit für einen Optokoppler zu sehen. Das Eingangssignal (*Signal In*, digital) gelangt über R an die Leuchtdiode

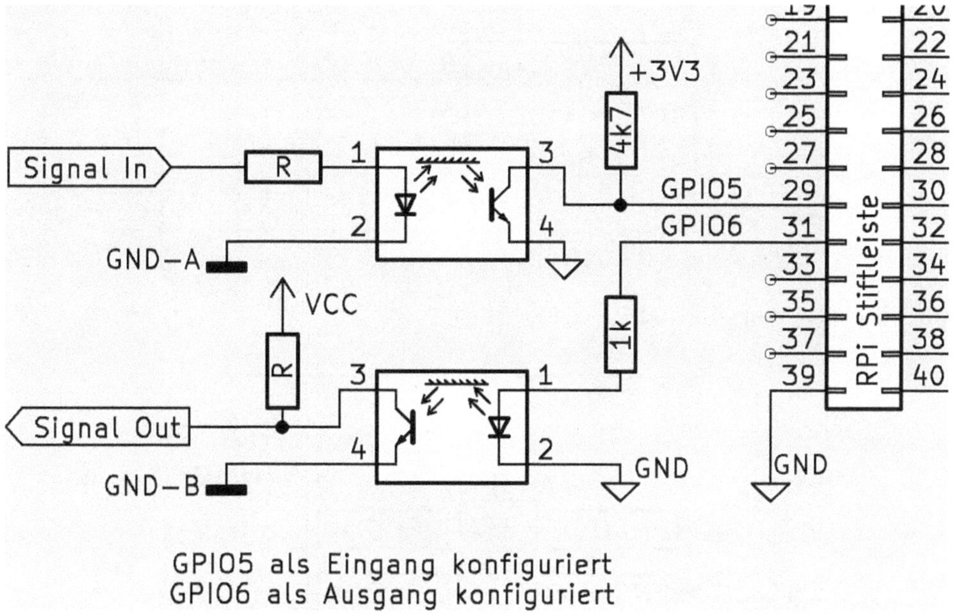


**Abb. 12.4** Beschaltung von Optokopplern

des Optokopplers. R muss entsprechend der Signalspannung und des Stroms durch die Leuchtdiode im Optokoppler berechnet werden. Der Transistor im Optokoppler schaltet dann bei einem *„high"* am Eingang durch, sodass GPIO5 dann auf *„low"* gezogen wird. Es findet also eine Invertierung des Eingangssignals statt: Signal In *„low"* bedeutet GPIO 5 *„high"* und umgekehrt. GPIO 5 muss dann natürlich als Eingang im Programm konfiguriert sein.

Der Optokoppler an GPIO 6 stellt exemplarisch eine galvanische Trennung für einen Ausgang am RPi dar. Auch hier ist das Ausgangssignal *(Signal Out)* invertiert zum Ausgang GPIO 6. R muss hier entsprechend der Spannung VCC gewählt werden (4,7 kΩ bis 10 kΩ). Die GND und Spannungsanschlüsse sind nicht miteinander verbunden (Abb. 12.4).

## 12.5 Galvanische Trennung für dynamische Signale

Für dynamische Signale wie z. B. am $I^2C$-Bus kann ein bidirektionaler Trenner (Isolator) eingesetzt werden. Das folgende Bild zeigt den Anschluss eines ISO1540 beispielhaft am RPi. Die galvanische Trennung der Signalleitungen SDA und SCL erfolgt kapazitiv (Abb. 12.5).

Ein andere Möglichkeit sind sogenannte digitale Isolatoren, wie z. B. die ADuM1400 Serie von Analog Devices. Diese arbeiten mit einer Induktiven Trennung nach dem Transformatorprinzip (Abb. 12.6).

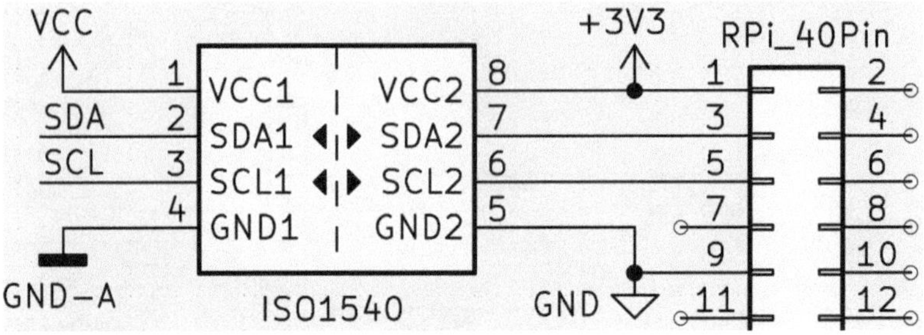


**Abb. 12.5** Beschaltung der Isolationsverstärker ISO1540

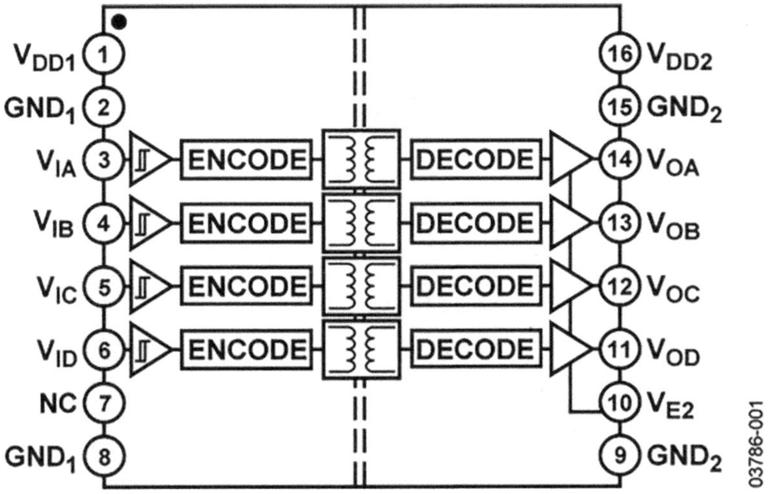


**Abb. 12.6** Blockdiagramm ADuM1400

**Bildquelle**

https://www.analog.com/en/products/adum1400.html

► **Wichtiger Hinweis** Vermeiden Sie Kurzschlüsse, sonst wird der RPi resettet, ggf. nicht gesicherte Daten gehen unweigerlich verloren. Auf einem USB-Stick immer die Programme sichern. Um Eingänge zu testen, jeweils einen Pullupwiderstand von 4,7 k bis 10 k gegen 3,3 V verwenden!

## 12.6 GPIOs beschalten

Wie oben bereits erwähnt, habe ich mich entschieden, keine der o. g. Spannungspins an der 40-poligen Stiftleiste für die externe Elektronik zu verwenden. Eine externe 9 V Quelle (einfaches DC-Netzteil) mit einem 7805 dient als Spannungsquelle für die externe Elektronik:

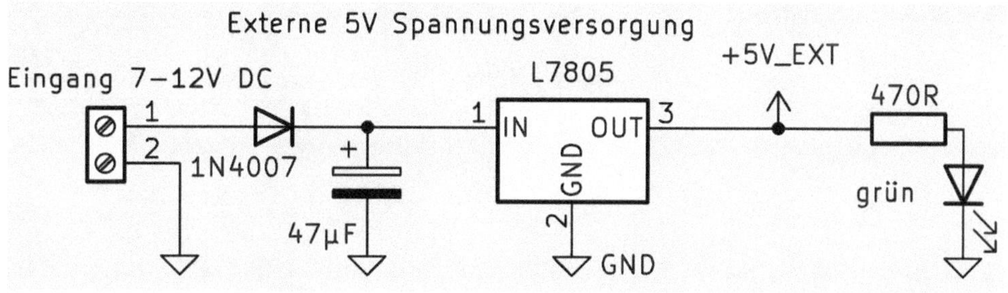


**Abb. 12.7** Spannungsversorgung

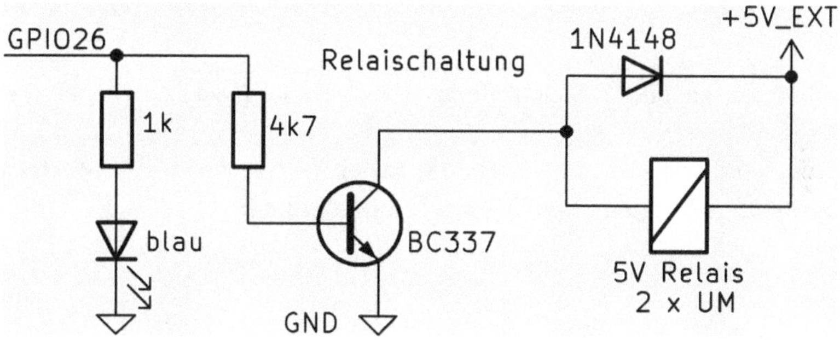


**Abb. 12.8** Relaisbeschaltung

Für die Ansteuerung wird ein Transistor pro Relais eingesetzt. Der BC337 o. ä. kann den Strom für das hier angeschlossene Relais liefern. Es ist ein 5 V Relais mit zwei Umschaltkontakten Typ V23042. Die Relaiskontakte werden in den Projekten die einzelnen Messgeräte mit der Testschaltung verbinden (Abb. 12.7).

Die Relaisspannung (+5V_EXT) kommt, wie der Name schon sagt, von einer externen 5 V-Spannungsversorgung, dem o. g. 7805. Der GND der externen Quelle ist mit dem GND des RPi verbunden.

Die blaue Leuchtdiode in der Relaisschaltung dient nur als Detektor, ob der Port ein- oder ausgeschaltet ist. Die 1N4148 ist die Freilaufdiode für das Relais (Abb. 12.8).

## 12.7 Softwareseitige Ansteuerung der GPIOs

Von der Softwareseite hier wird nicht, wie bei älteren RPi Versionen das Modul *Rpi.GPIO* verwendet, da dies beim RPi 5 nicht mehr unterstützt wird. Statt dessen wird das Modul *gpiozero* eingesetzt. Die GPIO Nummerierung des Controllers ist damit gleich der Angabe im Programm, Beispiel: Ausgang *LED(16)* bzw. Eingang *Button(21)* entspricht also dem GPIO16 bzw. GPIO21 (siehe pinout, oben). Zunächst wird eine einfache Schaltung, mit

**Abb. 12.9** Taster und LED

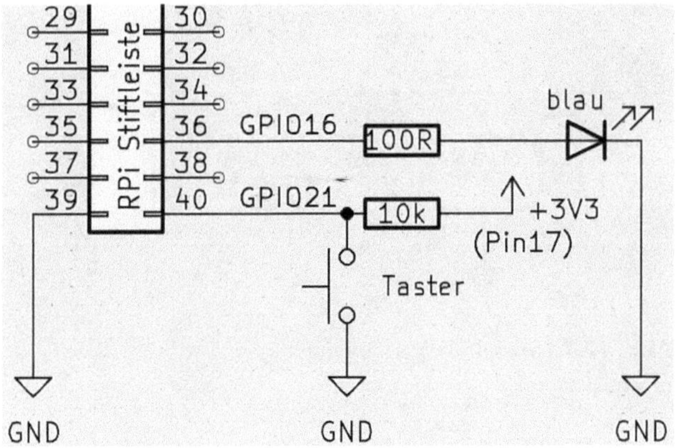


einer Leuchtdiode an GPIO16 und einem Taster an GPIO21, aufgebaut und getestet (Abb. 12.9):

Zwei Module müssen zunächst in Thonny installiert werden, also in *Werkzeuge – verwalte Pakete* nach *gpiozero* und *lgpio* suchen und installieren.

# 13 Programm: Leuchtdiode blinken lassen und Taster einlesen

Dieses Beispielprogramm lässt eine Leuchtdiode an Port 16 blinken und es wird anschließend ein Taster eingelesen und ausgewertet. Hier das Programm mit Kommentaren:

```
# *******************************************************
# Einfaches Programm, um den GPIO16 als Ausgang und GPIO
# 21 zu testen (LED und Taster) mittels gpiozero
# *******************************************************
```

→ Hier werden aus der Bibliothek gpiozero die Klassen LED und Button importiert. Nur diese werden hier verwendet. Beim Aufruf wird dann der GPIO-Pin übergeben.

```
from gpiozero import LED, Button
```

→ Verwendet wird GPIO16 als Ausgang (Pin 36 der Stiftleiste)

```
led_16 = LED(16)
```

→ Blinkrhythmus: *ein* 1 s, *aus* 0,5 s, 7 Durchläufe. True bedeutet, dass es im Hintergrund läuft.

```
led_16.blink(1,0.5,7,True)
```

→ Einlesen eines Tasters an GPIO 21 (Pin 40 der Stiftleiste). Dies bedeutet eine Endlosschleife. Außerdem ist zu beachten, dass die Funktion button.when_pressed low-aktiv ist, d. h. es wird eine „1“ erkannt, wenn der Taster gegen GND schaltet, siehe das Schaltbild oben.



B. Redemann, *Automatisiertes Messen mit steuerbaren Geräten und dem Raspberry Pi 5*, https://doi.org/10.1007/978-3-658-52314-5_13

```
taster_21 = Button(21)
taster_21.when_pressed = led_26.on
taster_21.when_released = led_26.off
```

Eine andere Variante, um den Taster einzulesen ist die Funktion **taster_21.wait_for_press()**. Die Funktion wartet nun so lange, bis der Taster gedrückt wird und das Programm wird dann fortgesetzt. Im Beispiel 6 kann man das ganz gut implementieren (weiter unten). Hier ein Beispiel, wie man am Port 21 und 20 den jeweiligen Taster einliest und somit eine Leuchtdiode ein bzw. wieder ausschalten kann:

```
# *******************************************************
# Einfaches Programm, wie man mittels Taster an GPIO-Pin
# 20 und 21 einlesen und damit eine LED schalten kann
# *******************************************************
from gpiozero import LED, Button
import time
```

→ Ausgang an GPIO16

```
led_16 = LED(16)
```

→ Taster an Pin20 und 21, Abfrage und Ausgabe an Leuchtdiode GPIO26. Es ist wichtig, dass die Taster mit pull-up Widerständen (10 kΩ) an 3,3 V versehen werden. Siehe oben in der GPIO Beschreibung.

```
taster_20 = Button(20)
taster_21 = Button(21)
```

→ „Unendliche" Schleife als Beispiel. Eine andere Schreibweise wäre *while true.*

```
while (1):
```

→ Messung starten

```
  taster_21.wait_for_press()
  led_16.on()
```

```
time.sleep(0.3)
```
→ Hier könnte nun der Code für den Messvorgang stehen.

→ Messung stoppen
```
taster_20.wait_for_press()
led_16.off()
```

→ 300 ms notwendig (Prellen des Tasters)
```
time.sleep(0.3)
```

Kleine Aufgabe dazu: Entfernen Sie im Programm die time.sleep() Befehle und beobachten Sie das Verhalten bei Tastendruck. Die Leuchtdiode an GPIO 16 soll nach dem Einschalten blinken, ändern Sie das Programm dahingehend. Was passiert, wenn die Befehle und der while(1)-Schleife nicht eingerückt werden? Entwerfen Sie eine Fußgängerampel.

Ein Anwendung wäre hier z. B. das Starten und Stoppen einer Messung oder anderer Prozesse. Man sieht, dass die gpiozero Bibliothek sehr einfach einzusetzen ist. Auf https://gpiozero.readthedocs.io/en/latest/index.html sind weitere nützliche Funktionen zu finden. Nicht vergessen das Programm zu speichern.

# Programm: Widerstandsmessung, 2- und 4-Leiter

# 14

Nun wird die Kombination aus dem Auslesen eines Messgeräts und den GPIOs getestet. Es geht um eine einfache 2- und 4-Leiter Widerstandsmessung. Dabei sollen Relais zwischen der 2- und 4-Leiter Messung umschalten und das Multimeter dann in den entsprechenden Bereich wechseln. Wichtig bei der 4-Leiter Messung ist das Anschließen der Messleitungen direkt am Widerstand, wie es im Stromlaufplan zu sehen ist.

Die Schaltung dazu sieht wie folgt aus, verwendet wird ein 50 mΩ Widerstand für die 4-Leiter Messung und ein 1 kΩ Widerstand für die 2-Leiter Messung. Entsprechend des Messvorgangs müssen die Leitungen des Multimeters zum Messobjekt umgeschaltet werden (Abb. 14.1).

oder 2-Leiter Messung handelt. Der Programmablauf gestaltet sich wie folgt, wobei am Ende auch die Toleranz der Widerstände überprüft wird.

Zunächst werden die notwendigen Bibliotheken importiert, anschließend die Geräte und GPIOs initialisiert bzw. konfiguriert. Dann wird das Multimeter auf die 2-Leiter Widerstandsmessung eingestellt, die GPIOs entsprechend geschaltet und die Messung durchgeführt. Das gleiche Verfahren wird nun für die 4-Leiter Widerstandsmessung angewandt. Im Anschluss findet die Auswertung statt.

Nun das Programm in Detail:

```
# ****************************************
# Einfaches Programm, zur 2- und 4-Leiter
# Widerstandsmessung für 50 mΩ und 1 kΩ
# ****************************************
import pyvisa
from gpiozero import LED
```



B. Redemann, *Automatisiertes Messen mit steuerbaren Geräten und dem Raspberry Pi 5*, https://doi.org/10.1007/978-3-658-52314-5_14

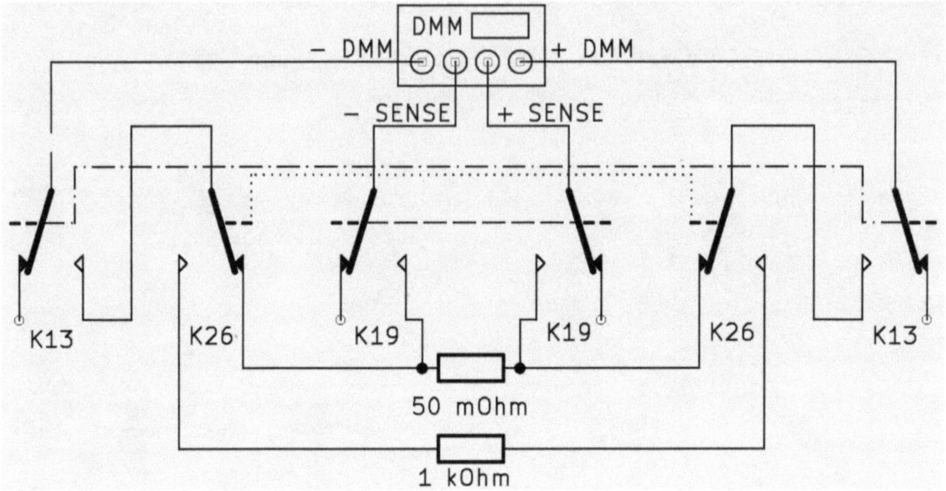


**Abb. 14.1** Übersicht 2- und 4-Leitermessung

```
rm = pyvisa.ResourceManager()
resources = rm.list_resources()
print (f"Angeschlossene Geräte: {resources}")
```

→ Nun werden die GPIOs für die drei o. g. Relais als Ausgang vorbereitet.

```
k_13 = LED(13)
k_19 = LED(19)
k_26 = LED(26)
```

→ Gerät öffnen und einstellen auf 2-Leiter Messung, 1 kΩ also Messbereich 4 kΩ (=4000 Ω), Multimeter HMC8012, time.sleep 3 s notwendig!

```
hmc8012 = rm.open_resource('TCPIP::192.168.178.112::INSTR')
hmc8012.write('CONFigure:RESIstance 4000')
time.sleep(3)
```

→ Für 2-Leiter Messung: Relais26 und Relais13 einschalten

```
k_26.on()
k_19.off()
k_13.on()
```

→ Nun die Messung durchführen und das Ergebnis ausgeben. Hier sieht man gleich die Festlegung der Variablen *resistance_2* als float. Außerdem wird die verkürzte Form der query Abfrage verwendet:

```
resistance_2 = float(hmc8012.query('MEAS:RESI? AUTO'))
print (f"Gemessener Widerstand: {resistance_2} Ohm")
```

→ Alle Relais wieder ausschalten

```
k_26.off()
k_19.off()
k_13.off()
```

→ Hier beginnt die 4-Leiter Messung, *time.sleep* von 3 s notwendig, da das Messgerät in einen anderen Messbereich umschaltet.

```
hmc8012.write('CONFigure:FRESIstance 400')
time.sleep(3)
```

→ Für 4-Leiter Messung: Relais K19 und K13 einschalten. Relais K26 wird ausgeschaltet.

```
k_26.off()
k_19.on()
k_13.on()
```

→ Nun die Messung durchführen und das Ergebnis ausgeben.

```
resistance_4 = float(hmc8012.query('MEAS:FRES? AUTO'))
print(f"Gemessener Widerstand: {resistance_4} Ohm")
```

→ Alle Relais wieder ausschalten.

```
k_26.off()
k_19.off()
k_13.off()
```

→ Nun wird überprüft, ob die gemessenen Werte innerhalb der Toleranz liegen, zuerst die 2-Leiter Messung, dann die 4-Leiter Messung. Wichtig bei der if-Abfrage ist der Doppelpunkt und das Einrücken innerhalb dieser Abfrage.

```
if 990 <= resistance_2 <=1010:
  print("Der Widerstand liegt im Toleranzbereich und ist ok")
else:
  print("FAIL. Widerstand ausserhalb der Toleranz")

if 0.0475 <= resistance_4 <=0.0525:
  print("Der Widerstand liegt im Toleranzbereich und ist ok")
else:
  print("FAIL. Widerstand ausserhalb der Toleranz")
```

Damit ist das Programm beendet.

## 14.1 Hinweise zum sechsten Programm

- Eine 4-Leiter Messung ist bei niederohmigen Widerständen obligatorisch, da sonst der Leitungswiderstand mitgemessen wird.
- Bei der query-Abfrage gibt es die Schreibweise **RESI**stance (2-Draht) und **FRES**istance (4-Draht), bitte beachten.
- Bei sehr hochohmigen Widerständen (über 50 MΩ) ist darauf zu achten, dass die Messleitungen vom Widerstand bis zum Messgerät möglichst weit auseinander liegen und einen sehr hohen Isolationswiderstand aufweisen.
- Das „Einrücken" und den Doppelpunkt bei der if-Anweisung beachten. Dies gilt nicht nur für if-Anweisungen sondern z. B. auch für Schleifen. Alle Befehle, die eingerückt sind, gehören dann zur entsprechenden if-Anweisung.

## 14.2 Erweiterung des Programms: Starttaste hinzufügen

Das sechste Programm wird nun etwas abgeändert, sodass erst beim Drücken einer Starttaste die Messungen beginnen. Das Programm wird gestartet und wartet auf die Eingabe. Folgendes ist dazu zu ergänzen:

```
from gpiozero import LED, Button
```

→ Dann erfolgt die Tasterdefinition, wie oben in Beispiel 4:

```
taster_21 = Button(21)
```

→ Man kann nun noch einen Hinweistext in der Konsole platzieren und den Taster abfragen. Das \n bedeutet Zeilenumbruch.

```
print("\nBitte den Taster zum Starten drücken\n")
taster_21.wait_for_press()
```

Das Programm wartet mit dem Start der Messung solange, bis der Taster gedrückt wurde (Funktion *taster_21.wait_for_press()*. Wichtig beim Anschluss des Tasters ist ein Pullup- Widerstand nach 3,3 V bzw. ein Spannungsteiler, wenn die Taste mit 5 V versorgt wird, wie es auch oben weiter zu sehen ist.

Das Ergebnis mit der Starttastenfunktion sieht dann so aus (Abb. 14.2):

```
Kommandozeile

>>> %Run 05b_hmc8012-r-2_4.py
  Angeschlossene Messgeraete:
  ('ASRL/dev/ttyAMA10::INSTR', 'TCPIP::192.168.178.112::INSTR')

   Bitte Taster zum Starten des Tests drücken

  Gemessener Widerstand: 999.0753 Ohm
  Der Widerstand liegt im Toleranzbereich und ist o.k.
  Gemessener Widerstand: 0.049507 Ohm
  Der Widerstand liegt im Toleranzbereich und ist o.k.

>>>
```

**Abb. 14.2** Ergebnis nach der Messung

Nicht vergessen, das Programm zu speichern.

> Kleine Aufgabe dazu: Entfernen Sie im Programm die *time.sleep()* Befehle und beobachten Sie das Verhalten. Erzeugen Sie eine Fehlermeldung (FAIL) durch ändern der Widerstände oder durch andere Toleranzwerte. Erstellen Sie ein Ablaufprogramm unter Berücksichtigung der Starttaste.

# Programm: Kennlinie einer Leuchtdiode aufnehmen

# 15

In diesem Beispielprogramm wird neben den bereits importierten Paketen *pyvisa* (etc.) und *gpiozero* ein weiteres installiert: *matplotlib*. Dies erfolgt in gewohnter Form in Thonny unter *Werkzeuge – verwalte Pakete*. Dieses Paket erlaubt eine recht einfache Möglichkeit, Daten in grafischer Form darzustellen.

Die Schaltung zur Aufnahme der Kennlinie einer blauen Leuchtdiode gestaltet sich recht einfach, siehe Bild unten.

$U_F$ der Leuchtdiode wird natürlich direkt an ihr gemessen, während der Strom $I_F$ indirekt über einen Vorwiderstand von 1 kΩ ermittelt wird. Über das Relais K19, welches an GPIO19 angeschlossen ist, wird das zu steuernde Netzgerät zur Schaltung hinzu geschaltet, das Relais K26 schaltet das Multimeter zwischen Leuchtdiode und Vorwiderstand um.

Es werden mehrere Messungen durchgeführt, bei denen dann das Netzgerät immer eine andere Spannung ausgibt (Abb. 15.1).

Auch hier sind die schon genannten *time.sleep()* Befehle notwendig, damit man keine falschen Messergebnisse bekommt. Für die verschiedenen Messwerte ($U_F$, $I_F$) wird eine Liste erstellt, also *wert_u = list()* und *wert_i = list()*. Darin werden dann die Messwerte, welche das Multimeter ermittelt, geschrieben.

Die Spannungen, die das Netzgerät einstellen soll, sind in dem Array *Volts = [..]* vorher schon angelegt. Wie man erkennen kann, startet die Spannungseinstellung bei 2 V. Kleinere Spannung sind hier nicht relevant. Bei 10 V wird dann die letzte Messung durchgeführt, das Netzgerät wieder auf 0 V gestellt und die Grafik erzeugt. Das Programm mit Kommentaren:



B. Redemann, *Automatisiertes Messen mit steuerbaren Geräten und dem Raspberry Pi 5*, https://doi.org/10.1007/978-3-658-52314-5_15

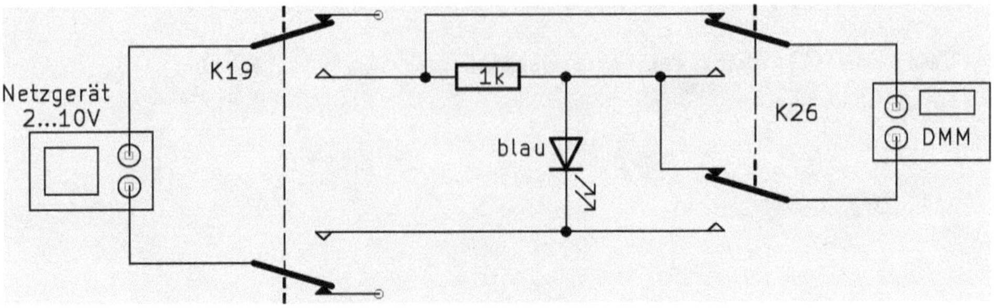


**Abb. 15.1** Beschaltung zur Messung einer LED

→ Zunächst die notwendigen Bibliotheken importieren

```
# ******************************************************
# Einfaches Programm zur Aufnahme der Kennlinie einer LED
# ******************************************************
import pyvisa
import time
from gpiozero import LED
```

→ Die Matplotlib wird zur Darstellung der Grafiken benötigt. Die Angabe *as plt* verkürzt später im Code die Befehlseingabe.

```
import matplotlib.pyplot as plt
```

→ GPIOs für die Relais vorbereiten

```
k_19 = LED(19)
k_26 = LED(26)
```

→ Instanz erstellen und der Variablen *rm* zuweisen. Print-Anweisung mit f-String Angabe.

```
rm = pyvisa.ResourceManager()
resources = rm.list_resources()
print(f"Angeschlossene Geräte: {resources}")
```

→ Erstellt jeweils eine leere Liste für $U_F$ und $I_F$. In diesen Listen werden nach jeder Messung die Messwerte angehängt (append).

```
wert_u = list()
wert_i = list()
```

→ Geräte öffnen, aktivieren und IDN abfragen.

```
hmc8012 = rm.open_resource('TCPIP::192.168.178.112::INSTR')
hmp2030 = rm.open_resource('TCPIP::192.168.178.99::5025::SO-
  CKET", read_termination = '\n', write_termination = '\n',
  timeout = 5000 )
print(hmc8012.query('*IDN?'))
print(hmp2030.query('*IDN?'))
```

→ Multimeter in den DC Messbereich auf AUTO stellen. Je nach Anwendung kann man auch auf den erwarteten Messbereich schalten.

```
print("DMM auf AUTO einstellen")
hmc8012.write('CONFigure:VOLTage:DC AUTO')
```

→ Am Netzgerät Kanal 1 auswählen, 0 V einstellen, Strombegrenzung auf 40 mA zur Sicherheit einstellen. Kanal 1 dann einschalten.

```
print("Netzgeraet auf Kanal 1 einstellen und einschalten")
hmp2030.write('INSTrument:SELect OUT1')
hmp2030.write(f'SOURCe:VOLTage 0')
hmp2030.write(f'SOURCe:CURRent 40mA')
hmp2030.write('OUTPut:STATe ON')
time.sleep(1)
```

→ Nun wird ein Array mit den einzustellenden Spannungen am Netzgerät erstellt. Die dort befindlichen Spannungen sind von mir willkürlich gewählt und müssten ggf. angepasst werden. Die Werte im Array werden der folgenden for-Schleife einzeln abgerufen.

```
volts = [2,2.3,2.5,2.8,3,3.5,4,4.5,5,5.5,6,6.5,7,7.5,8,
  8.5,9,9.5,10]
```

→ Hier beginnt die for-Schleife, bei der die o.g. Spannungswerte eingestellt werden und das Multimeter die Spannungswerte misst. Wichtig dabei ist das Einrücken der Befehle unterhalb der for-Anweisung.

```
for voltage in volts:
  hmp2030.write(f'SOURCe:VOLTage {voltage}')
  time.sleep(2)
```

→ Spannung zuschalten

```
  k_19.on()
  time.sleep(1)
```

→ Spannung über dem 1 kΩ messen. Die print-Anweisung kann ggf. wegfallen. Die Variable *dc_volt_r* wird gleich als „float" gespeichert. Das SCPI-Kommando wird hier verkürzt geschrieben.

```
  dc_volt_r = float(hmc8012.query('MEAS:VOLT:DC? AUTO'))
  print(f"Spannung am Widerstand: {dc_volt_r} Volt")
```

→ Umschalten auf die Diodenspannung $U_F$.

```
  k_26.on()
  time.sleep(1)
```

→ Diodenspannung messen. Die print-Anweisung kann ggf. wegfallen. Die Variable *dc_volt_uf* wird gleich als „float" gespeichert. Das SCPI-Kommando wird hier verkürzt geschrieben.

```
dc_volt_uf = float(hmc8012.query('MEAS:VOLT:DC? AUTO'))
print(f"Spannung an der LED: {dc_volt_uf} Volt")
```

→ Hier werden die gemessenen Werte *dc_volt_r* und *dc_volt_uf* in die jeweilige Liste *wert_u* bzw. *wert_i* eingetragen bzw. hinzugefügt. Die print-Anweisungen helfen bei eventuellen Fehlern. Der Eintrag muss wie folgt aussehen (Beispielwerte): **[1.234, 4.567, 9.765]** Es dürfen dort keine Hochkomma (') erscheinen!

```
wert_u.append(dc_volt_uf)
wert_i.append(dc_volt_r)
print(wert_u)
print(wert_i)
```

→ Das Relais K26 ausschalten und von vorne starten, bis das Array komplett abgearbeitet wurde (kann dauern...). Erst hier ist die for-Schleife beendet, die nachfolgenden Befehle sind wieder nicht eingerückt.

```
k_26.off()
```

→ Die Spannung am Netzgerät wird nach dem Durchlauf auf Null gestellt und das HMP2030 mit *SYST:LOC* geschlossen.

```
hmp2030.write(f'SOURCe:VOLTage 0')
hmp2030.write('SYST:LOC')
hmp2030.close()
```

→ Voreinstellungen für die Grafik. Zunächst wird eine einzelne Figur für eine X-Y Grafik erzeugt. D.h. es gibt eine Grafik auf einem Feld von 1 x 1.

```
fig, ax = plt.subplots()
```

→ Nun werden die gesammelten Werte in einer Grafik ausgegeben. Die Grafik bekommt einen Titel und die Achsen werden beschriftet. In *ax.plot()* wird festgelegt, welche Werte zur X- und Y-Achse gehören (wert_u ist also in X-Richtung, wert_i in Y-Richtung zu sehen).

```
ax.plot(wert_u, wert_i)
ax.set_title('Kennlinie Diode')
ax.set_ylabel('IF (mA)')
ax.set_xlabel('UF (V)')
```

→ Die Grafik anzeigen.

```
plt.show()
```

Das Ergebnis kann sich sehen lassen, siehe Bild. Man kann auch ganz gut erkennen, dass in Bereich von $U_F$ zwischen ca. 2,45 V und 2,55 V die Kennlinie etwas platt erscheint, sodass hier ggf. noch mehr oder andere Messwerte aufgenommen werden müssten. Das Array müsste dazu angepasst werden (Abb. 15.2).

Es stellt sich außerdem die Frage, warum ich das Ergebnis des Stroms $I_F$ nicht berechnet habe. Wenn man einen 1 kΩ zur indirekten Strommessung verwendet, dann ist die gemessene Spannung über diesen Widerstand gleich dem Strom in mA. Weitere Möglichkeiten von matplotlib (z. B. das Speichern als PDF-Datei) sind hier zu finden: https://matplotlib.org/stable/.

Nicht vergessen das Programm zu speichern.

> Kleine Aufgabe dazu: Modifizieren Sie das Array und beobachten Sie das Ergebnis. Nehmen Sie die $U_{BE}$-Kennlinie eines BC337 oder anderen bipolaren Transistors auf. Welche Änderungen sind ggf. notwendig?

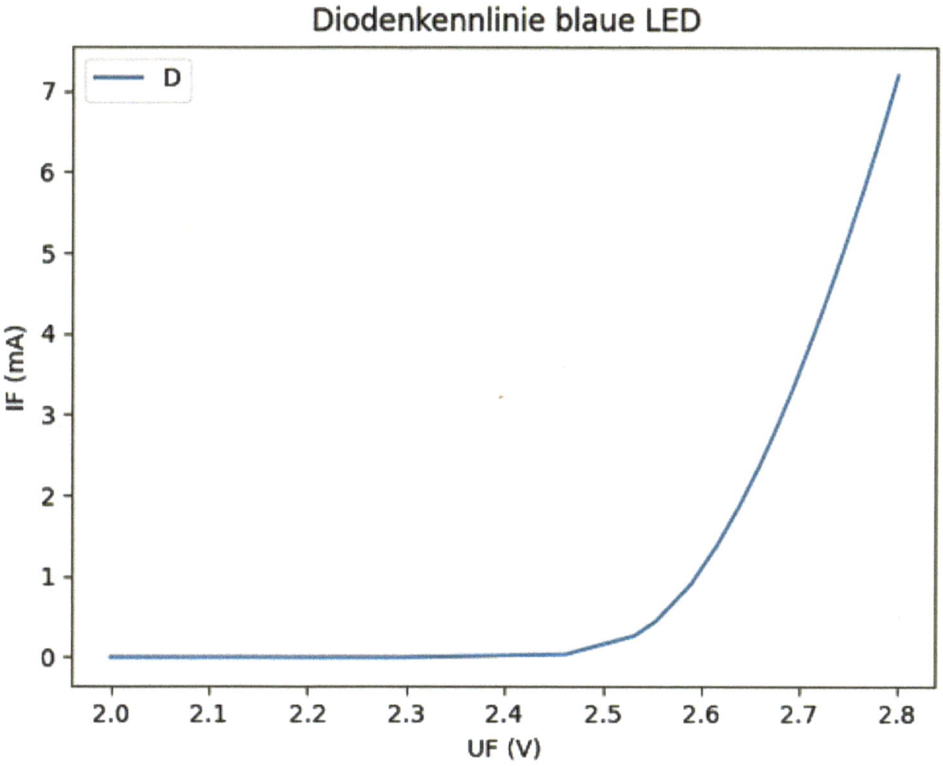


**Abb. 15.2** Kennlinie der blauen LED

## 15.1 Mehrere Kennlinien in einer Grafik

Die matplotlib Bibliothek bietet sehr viele Möglichkeiten, so z. B. die Darstellung von mehreren Grafen in einem Fenster (sog. Figur). Außerdem bietet es farbliche Anpassungen und eine sogenannte Legende an. Wenn man nun weitere Leuchtdioden durchmisst, so kann man diese Funktionen sich zunutze machen. Als Beispiel nehme ich eine rote, gelbe, grüne, blaue und weiße Leuchtdiode. Um dies zu realisieren, werden dann entsprechend mehr Relais zum Umschalten auf die jeweilige Leuchtdiode benötigt oder man wird per Programm aufgefordert, diese zu tauschen. In diesem Fall soll das automatisiert, d. h. mit Relaisumschaltungen realisiert werden. Die Relais K13, K6, K5, K23 und K24 schalten dann die entsprechende Leuchtdiode. Der Rest der Schaltung bleibt so wie er war (Abb. 15.3).

Das Programm muss dementsprechend angepasst werden. Zum einen werden weitere Relais mit k_*xy* = *LED(xy)* definiert, zum anderen wird über die Messschleife eine weitere for-Schleife mit 5 Durchläufen realisiert. Bevor die Messungen beginnen, wird, je nach Status in der for-Schleife, das entsprechende Relais geschaltet.

Die Messschleife wird gestartet und die Messwerte werden aufgenommen. Anschließend wird der aktuelle Messwert, entsprechend des Schleifendurchlaufs, in die entsprechende Liste eingetragen. Beispiel erster Schleifendurchlauf, rote Leuchtdiode, Messwerte in die Liste *wert_u_rt* und *wert_i_rt* eintragen:

*wert_u_rt.append (dc_volt_uf)*
*wert_i_rt.append (dc_volt_r)*

Im folgenden Code sind nur die Änderungen des Programms zur obigen Version dargestellt. Anschließend werden alle Werte als Grafik angezeigt.

→ Zunächst die notwendigen Bibliotheken importieren (wie gehabt).

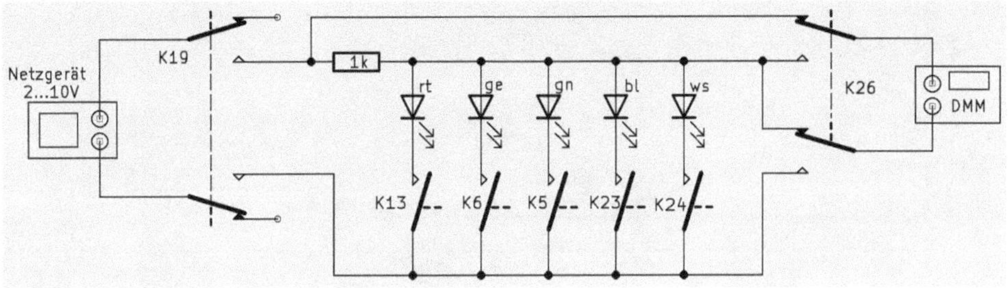


**Abb. 15.3** Schaltung für mehrere LEDs

→ NEU. Die GPIOs vorbereiten, fünf Relais werden zum Schalten der LEDs benötigt.

| | |
|---|---|
| `k_26 = LED(26)` | `# DMM umschalten` |
| `k_19 = LED(19)` | `# Ein / Aus` |
| `k_13 = LED(13)` | `# rote LED` |
| `k_24 = LED(24)` | `# weiße LED` |
| `k_5 = LED(5)` | `# grüne LED` |
| `k_6 = LED(6)` | `# gelbe LED` |
| `k_23 = LED(23)` | `# blaue LED` |

→ NEU. Die GPIOs können mit diesem Verfahren alle Relais für die fünf Leuchtdioden in der Liste gleichzeitig ausgeschaltet werden. Dies geschieht vor dem nächsten Umschalten. Es wird eine Liste *all_leds* mit den fünf Elementen erstellt.

```
all_leds = [k_5, k_6, k_13, k_23, k_24]
```

→ Für alle Leuchtdioden, die in der Liste stehen (also k_5, k_6 usw.) wird die Methode .off() ausgeführt. Also *k_5.off()*, *k_6.off()* usw.

```
[led.off() for led in all_leds]
```

→ Ressource Manager/Geräte initialisieren (wie gehabt).

→ NEU. Leere Listen für die gesammelten Werte erstellen. Pro Leuchtdiodenfarbe zwei Listen. Die Schreibweise spart hier Platz. Man kann die Zuweisungen auch untereinander schreiben, wenn es z.B. weitere Änderungen im Programm gibt, dies ist dann übersichtlicher.

```
wert_u_rt,wert_u_ge,wert_u_gn,wert_u_bl,wert_u_ws = list(),
  list(),list(),list(),list()

wert_i_rt,wert_i_ge,wert_i_gn,wert_i_bl,wert_i_ws = list(),
  list(),list(),list(),list()
```

oder

```
wert_u_rt = list()
wert_u_ge = list()
```

usw.

→ Hinzu kommt nun noch eine Liste von den Listen der gesammelten Werte. Dies dient später zur Vereinfachung der if-Anweisung im Programm.

```
wert_u = [wert_u_rt,wert_u_ge,wert_u_gn,wert_u_bl,wert_u_ws]
wert_i = [wert_i_rt,wert_i_ge,wert_i_gn,wert_i_bl,wert_i_ws]
```

→ Geräte öffnen (wie gehabt)
→ DMM und Netzgerät einstellen / einschalten (wie gehabt)
→ Array der Spannungen (wie gehabt)
→ NEU. Die Hauptschleife mit den fünf Durchläufen. Hier wird wieder zur Vereinfachung die oben erstellte Liste *all_leds[]* verwendet. Dies vereinfacht sehr die Schreibweise der Schleife.

```
for n in range(0,5):
  led[n].on()
```

→ Innerhalb der Hauptschleife startet nun hier die Messschleife. Einrücken dieser for-Anweisung nicht vergessen.

```
  for voltage in Volts:
    hmp2030.write(f'SOURCe:VOLTage {voltage}')
    time.sleep(2)
```

→ Schaltung einschalten.

```
    k_19.on()
    time.sleep(1)
```

→ Spannung über 1 kΩ Widerstand messen.

```
      dc_volt_r = float(hmc8012.query('MEASure:VOLTage:DC?
  AUTO'))
```

→ Umschalten auf Dioden Spannung.

```
    k_26.on()
    time.sleep(1)
```

→ Spannung über der Diode messen.

```
  dc_volt_uf = float(hmc8012.query('MEASure:VOLTage:DC?
  AUTO'))
```

→ Hier ist nun wichtig, je nach Hauptschleifendurchlauf, die gemessenen Werte in die jeweilige Liste hinzuzufügen. Dazu wird die oben erstellte Liste von Listen der gesammelten Werte verwendet.

```
  if 0 <= x <= 4:
    wert_u[x].append(dc_volt_uf)
    wert_i[x].append(dc_volt_r)
```

→ Relais K26ausschalten.

```
k_26.off()
```

→ Alle Relais an den Dioden ausschalten.

```
[led.off() for led in all_leds]
```

→ Am Ende Spannung abschalten (wie gehabt)

```
hmp2030.write(f'SOURCe:VOLTage 0')
hmp2030.write('SYST:LOC')
hmp2030.close();
```

→ Voreinstellungen für die Grafik. Zunächst wird eine einzelne Figur für eine X-Y Grafik erzeugt (wie gehabt).

```
fig, ax = plt.subplots()
```

→ Nun werden die gesammelten Werte in einer Grafik ausgegeben. Neben dem Titel und der Achsenbeschriftung sind die Kennlinien farblich markiert und bekommen ein Label. Die Label werden dann mit *ax.legend()* zusammen gefasst und oben rechts in der Grafik angezeigt.

```
ax.plot(wert_u_rt, wert_i_rt,color='red',label='rote LED')
ax.plot(wert_u_ge, wert_i_ge,color='yellow',label='gelbe LED')
ax.plot(wert_u_gn, wert_i_gn,color='green',label='grüne LED')
ax.plot(wert_u_bl, wert_i_bl,color='blue',label='blaue LED')
ax.plot(wert_u_ws, wert_i_ws,color='black',label='weiße LED')
ax.set_title('Kennlinien von LEDs')
ax.set_ylabel('IF (mA)')
ax.set_xlabel('UF (V)')
ax.legend()
plt.show()
```

Die erzeugte Grafik zeigt nun gut die Unterschiede bei den Kennlinien der Leuchtdioden. Eine rote und gelbe Leuchtdiode sind von der Kennlinie fast identisch. Die anderen Leuchtdioden benötigen eine weit höhere Durchlassspannung $U_F$, um zu leuchten (Abb. 15.4).

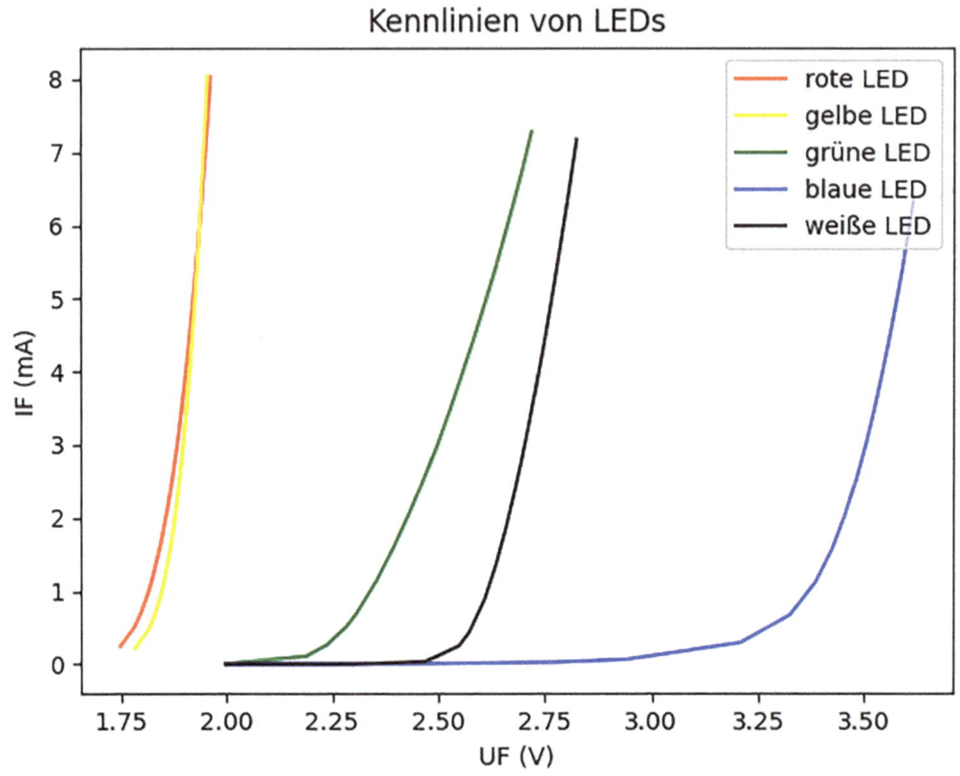


**Abb. 15.4** Kennlinien von LEDs

## 15.2 Erweiterung der Schaltung: Z-Diode

> Kleine Aufgabe dazu: Von welcher Art Leuchtdiode könnte man noch die Kennlinie aufnehmen?

Eine weitere Möglichkeit bietet sich in der Aufzeichnung der Gesamtkennlinie einer Z-Diode. Dabei muss nicht nur der Spannungsbereich, also das Array angepasst werden, sondern es muss auch eine Umpolung der Spannung erfolgen. Dazu wird die Schaltung so angepasst, dass K19 die Polarität für die Schaltung ändert. Die zuvor verwendeten Relais für die fünf Leuchtdioden entfallen (Abb. 15.5).

Das Programm muss so angepasst werden, dass nach Messung der $U_F$ das Relais umgeschaltet wird und die Messung von $U_Z$ durchgeführt werden kann. Zum Einstellen der entsprechenden Spannungen können zwei Arrays erstellt werden, für $U_F$ z. B. von 0 bis 3 V und für $U_Z$ von 10 V bis 0 V. Verwendet wird hier eine 5,6 V Z-Diode, der Widerstand bleibt bei 1 kΩ.

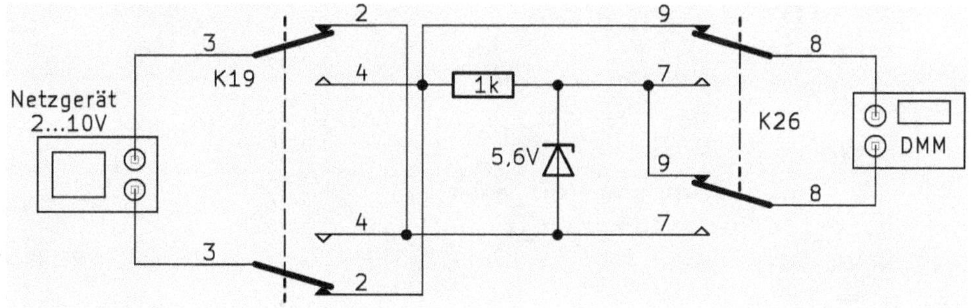


**Abb. 15.5** Aufbau für die Z-Dioden

## 15.3 Programmanpassungen für die Messungen an der Z-Diode

→ es werden zwei Arrays für $U_F$ und $U_Z$ separat angelegt. Wichtig ist hier die auf- bzw. absteigende Reihenfolge der einzustellenden Spannungen am Netzgerät. Würde man dies nicht berücksichtigen, so werden später im Plot ggf. die unterschiedlichen (und falschen) End- bzw. Anfangswerte grafisch miteinander verbunden:

```
volts_uz =[10,9,8,7,6,5.8,5.7,5.6,5.5,5,4.8,4.6,4]
volts_uf =[0,0.5,0.6,0.7,0.8,0.9,1,1.2,1.4,1.6,1.8,2]
```

Der Spannungsbereich des Netzgeräts wird zunächst von 10 V auf 4 V (in Sperrrichtung, $V_Z$) und dann, nach Umpolen des Relais von 0 auf 2 V (in Durchlassrichtung, $V_F$) eingestellt.

→ Nun wird eine for-Schleife zweimal durchlaufen, einmal für $U_F$ und einmal für $U_Z$. Dabei muss jeweils das Relais19 ein- bzw. ausgeschaltet werden. Außerdem werden dann in den darunter liegenden for-Schleifen jeweils die Spannungen aus den beiden Arrays eingestellt. In die Listen werden dann alle gemessenen Werte eingetragen (*wert_u.append* () und *wert_i.append()*).

```
for n in range (0,2):
  if n == 0:
    k_19.on()

    for voltage in volts_uz:
    hmp2030.write(f'SOURCe:VOLTage {voltage}')
    time.sleep(2)
```

→ Spannung über 1k Widerstand messen.

```
    dc_volt_r = float(hmc8012.query('MEAS:VOLT:DC? 40'))
```

→ Umschalten auf Dioden Spannung.

```
    k_26.on()
      time.sleep(1)
      → Spannung über Z-Diode messen (UZ).
    dc_volt_uz = float(hmc8012.query('MEAS:VOLT:DC? 40'))
      → Messwerte sammeln.
          wert_u.append (dc_volt_uz)
      wert_i.append (dc_volt_r)
      k_26.off()
  if n == 1:
    k_19.off()

    for voltage in volts_uf:
      hmp2030.write(f'SOURCe:VOLTage {voltage}')
      time.sleep(2)
      → Spannung über 1k Widerstand messen.
      dc_volt_r = float(hmc8012.query('MEAS:VOLT:DC? 40'))
      → Umschalten auf Dioden Spannung.
      k_26.on()
      time.sleep(1)
      → Spannung über Z-Diode messen (UF).
      dc_volt_uf = float(hmc8012.query('MEAS:VOLT:DC? 40'))
      → Messwerte sammeln.
        wert_u.append (dc_volt_uf)
      wert_i.append (dc_volt_r)
      k_26.off()

→ Spannung abschalten.
hmp2030.write(f'SOURCe:VOLTage 0')
hmp2030.write('SYST:LOC')
hmp2030.close();

→ Grafik vorbereiten, plotten und anzeigen.
fig, ax = plt.add_subplot()
ax.plot(wert_u, wert_i)
ax.set_title('Kennlinie Z-Diode 5,6V')
ax.set_ylabel('IF (mA)')
ax.set_xlabel('UF (V)')
plt.show()
```

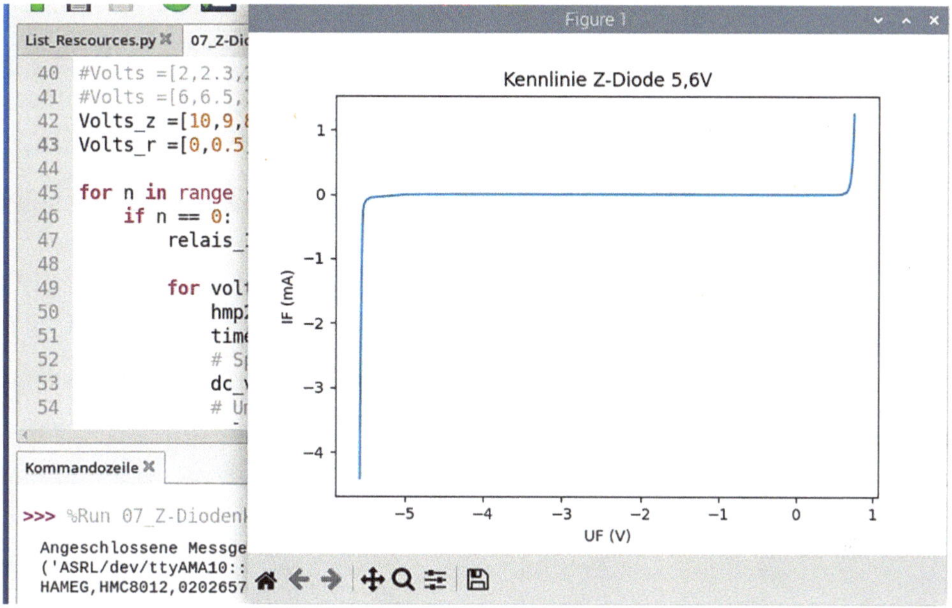


**Abb. 15.6** Kennlinie der Z-Diode

Im Plot kann man nun ganz gut die Kennlinie dieser 5,6 V Z-Diode erkennen. Interessant dabei die Tatsache, dass bei einem $I_Z$ ab 1 mA die Z-Spannung $U_Z$ schon sehr gut konstant gehalten wird. Man muss eine Z-Diode also nicht unbedingt mit 20 mA betreiben. Nicht vergessen das Programm zu speichern (Abb. 15.6).

Kleine Aufgabe dazu: Wie könnte man weitere Kennlinien von Z-Dioden darstellen?

# Programm: RC-Tiefpassfilter 16

Es soll der Frequenzgang sowie die Grenzfrequenz eines (passiven) RC-Tiefpassfilters ermittelt werden. Dafür ist ein steuerbarer Funktionsgenerator und ein Oszilloskop notwendig. Am Oszilloskop werden zwei Kanäle verwendet und dort jeweils die Frequenz, die Spannungen $u_e$ und $u_a$ gemessen. Der Funktionsgenerator durchläuft entweder einen vorgegebenen Frequenzbereich oder wird per Programm auf die verschiedenen Frequenzen eingestellt, um dann mit dem Oszilloskop die Messwerte aufzunehmen. Da der automatische Durchlauf (Sweep) am Funktionsgenerator zum gleichzeitigen Messen mit dem Oszilloskop eventuell zu schnell verläuft, kann dies zu falschen Messergebnissen führen. Daher wird ein Array für die einzelnen, einzustellenden Frequenzen verwendet.

Die Grenzfrequenz eines passiven RC-Tiefpassfilters wird mit der Gleichung $f_g = 1 \div (2\pi \times R \times C)$ errechnet. Bei einem Widerstand von 10 kΩ (1 % Toleranz) und einem Kondensator von 10 nF (10 % Toleranz) ergibt das eine Grenzfrequenz von 1,59 kHz. Mit den Toleranzen der Bauteile gerechnet liegt $f_g$ zwischen 1,31 kHz und 2,01 kHz. Bei dieser Frequenz liegt die Ausgangsspannung um den Faktor 0,707 niedriger als die Eingangsspannung. Da diese Werte vorgegeben und bekannt sind, wird der Funktionsgenerator so gesteuert, dass er z. B. von 200 Hz bis 2,5 kHz ein sinusförmiges Signal ausgibt (=$u_e$). Im Bereich der errechneten Grenzfrequenz, also zwischen 1,31 kHz und 2,01 kHz, könnte man die Anzahl der Messungen erhöhen oder anders ausgedrückt, die Messabstände und damit die Einstellungen am Funktionsgenerator verkleinern. So kann man dann ziemlich genau die Grenzfrequenz ermitteln. Gleichzeitig sollen die Messergebnisse ebenfalls grafisch dargestellt werden. Bei einer eingestellten Spannung von 4 $V_{PP}$ am Eingang des Tiefpasses würde die Ausgangsspannung bei der Grenzfrequenz dann 4 V × 0,707 = 2,828 $V_{PP}$ betragen.



B. Redemann, *Automatisiertes Messen mit steuerbaren Geräten und dem Raspberry Pi 5*, https://doi.org/10.1007/978-3-658-52314-5_16

## 16.1 Schaltungsaufbau

Eine weitere Idee besteht darin, mittels der GPIOs des RPi drei weitere RC-Kombinationen, die außerhalb der o. g. Grenzfrequenz liegen, per Relais zu schalten um so herauszufinden, welche RC-Kombination welche Grenzfrequenz aufweist. Die Schaltung des Messaufbaus ist auf dem nächsten Bild zu sehen.

Mit dem Relais K19 wird eingeschaltet und gleichzeitig mit dem Oszilloskop am Ausgang des Tiefpasses gemessen. Relais K26 und K13 stellen auf die verschiedenen Tiefpassfilter um, sodass es dort vier Möglichkeiten gibt (Abb. 16.1).

Vorab die Tabelle mit den errechneten, theoretischen Grenzfrequenzen bei den verschiedenen RC-Kombinationen, die ich hier willkürlich gewählt habe:

| K26 | K13 | R | C | $f_g$ (errechnet) $u_E = 4$ V $u_{PP}$ |
|---|---|---|---|---|
| off | off | 15 kΩ | 22 nF | 482,3 Hz |
| off | on | 15 kΩ | 10 nF | 1,06 kHz |
| on | off | 10 kΩ | 22 nF | 723,4 Hz |
| on | on | 10 kΩ | 10 nF | 1,59 kHz |

## 16.2 Erster händischer Probelauf

Bevor man sich an das Programm macht, kann es nicht schaden, den Aufbau einmal zu testen. Dazu gibt man im unteren Fenster (Kommandozeile) von Thonny die Befehle ein, die später auch im Gesamtprogramm am Anfang zur Einstellung der Relais notwendig sind:

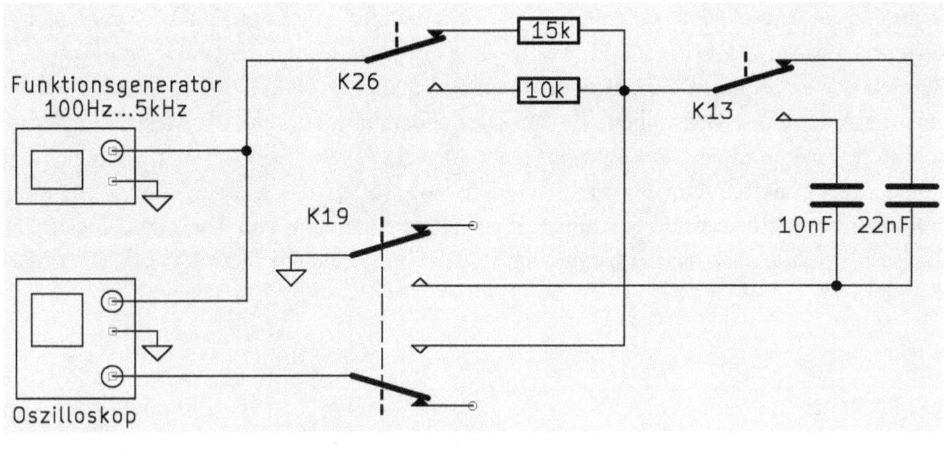


**Abb. 16.1** Schaltung für die Tiefpassfilter

```
from gpiozero import LED
k_26 = LED(26)
k_19 = LED(19)
k_13 = LED(13)
```

Dann werden, entsprechend der Tabelle oben, die Relais geschaltet. Für den Tiefpass mit einer Grenzfrequenz von 1,59 kHz sind das also K13 und K26.

```
k_13.on()
k_19.on()
k_26.on()
```

Da mit K19 der Filter eingeschaltet wurde, kann man nun per Hand den Funktionsgenerator auf die Grenzfrequenz (hier in etwa 1,59 kHz, Sinus, 4 $u_{PP}$, High Z) einstellen und am Oszilloskop mit beiden Kanälen messen, ob die Ausgangsspannung entsprechend der Berechnung abgefallen ist. Dieser Wert sollte in etwa übereinstimmen bzw. im Toleranzbereich liegen. Nun geht man die anderen drei Kombinationen durch.

Durch diesen händischen Probelauf kann man erkennen, ob der Schaltungsaufbau korrekt ist und zum anderen, ob die Bauteileauswahl stimmt. War dieser Test erfolgreich, kann man nun das Programm entwerfen.

## 16.3 Auslagerung von Funktionen in externe Dateien

Da das Programm recht umfangreich sein wird, werden einige Funktionen in externe Dateien ausgelagert. Diese werden in den selben Ordner (Control_Instruments) wie das Hauptprogramm abgelegt. Folgende Aufteilung wird dabei die Übersicht im Hauptprogramm verbessern:

**setup_08_afg3021**()
Mit dieser Funktion wird der AFG3021 Funktionsgenerator eingestellt. Parameter wie Spannung, Offset, Anfangsfrequenz, Impedanz und Signalform werden dort voreingestellt. Der Aufruf erfolgt nur einmal am Anfang, jedoch sollen Änderungen der Frequenz während der Messschleife möglich sein.

**setup_08_hmo1024**()
Beim Oszilloskop wird zunächst ein *RST durchgeführt, um nicht gewünschte Einstellungen zu deaktivieren. Dann werden die Kanäle entsprechend den erwarteten Werten (u, f) voreingestellt. Auch der Trigger und die Zeitbasis werden eingestellt. Der Aufruf erfolgt nur einmal am Anfang, jedoch sollen Änderungen der Zeitbasis während der Messschleife möglich sein.

**messschleife_08()**
In der messschleife laufen alle Messung durch, also wird dort eine for-Schleife in Abhängigkeit von vorgegebenen Frequenzwerten für den Filter realisiert.

**create_plot_08()**
Auch der Programmcode für den Plot wird in einer externen Datei ausgelagert.
Die Daten werden dort von der Messschleife übergeben und weiter verarbeitet.

## 16.4 Die externen Dateien

Zunächst wird der Funktionsgenerator eingestellt. Parameter $u_{PP}$, kein Offset, f, High Z und Signalform (Sinus) werden voreingestellt. Dies erfolgt in der externen *setup_08_afg3021.py* Datei:

***setup_08_afg3021.py:***
→ Notwendiger Import
```
import pyvisa
```

→ Funktion für die Grundeinstellung des AFG3021
```
def setup_afg3021():
```

→ Instanz erzeugen und Gerät öffnen
```
  rm = pyvisa.ResourceManager()
  afg3021b=rm.open_resource('TCPIP::192.168.178.33::INSTR')
```

→ Funktionsgenerator einstellen. High Impedanz:
```
  afg3021b.write('OUTPut1:IMPedance INFInity')
```

→ Amplitude 4 V, 200 Hz (Startfrequenz), kein Offset, keine Phase
```
  afg3021b.write('SOURce1:VOLT:LEVE:IMME:AMPL 4.0')
  afg3021b.write('SOURce1:FREQuency:Fixed 200Hz')
  afg3021b.write('SOURce1:VOLT:LEVE:IMME:OFFS 0mV')
  afg3021b.write('SOURce1:PHASe:ADJust 0') # Phase 0°
```

→ Einschalten des Kanals
```
  afg3021b.write('OUTPUT1:STATE ON')
```

→ Die Rückgabe ist wichtig, um später im Hauptprogramm z. B. die Frequenz des Funktionsgenerators zu ändern
```
  return afg3021b
```
Anschließend wird die Grundeinstellung für das Oszilloskop vorgenommen. Diese ist in der Datei *setup_08_hmo1024.py* abgelegt.

*setup_08_hmo1024.py*:

→ Notwendiger Import

```
import pyvisa
```

→ Funktion für die Grundeinstellung des HMO1024

```
def setup_hmo1024():
```

→ Instanz erzeugen und Gerät öffnen

```
  rm = pyvisa.ResourceManager()
  hmo1024 = rm.open_resource('ASRL/dev/ttyUSB0::INSTR')
```

→ Oszilloskop voreinstellen

→ Reset Oszilloskop, um nicht gewünschte Einstellungen (z. B. den Single Mode Betrieb) zu deaktivieren

```
    hmo1024.write('*RST')
```

→ Zeitbasis, Position und Scale für die beiden Kanäle einstellen

```
  hmo1024.write('TIMEbase:SCALe 1ms')
  hmo1024.write('CHANnel1:STAte on')
  hmo1024.write('CHANnel2:STAte on')
  hmo1024.write('CHANnel1:POSItion 0')
  hmo1024.write('CHANnel2:POSItion 0')
  hmo1024.write('CHANnel1:SCALe 0.5')
  hmo1024.write('CHANnel2:SCALe 0.5')
```

→ Der Trigger wird auf Kanal 1 im Auto Mode mit einem Level von 1 V und der positiven Flanke eingestellt. Somit wird sichergestellt, dass am Oszilloskop ein stehendes Bild entsteht.

```
  hmo1024.write('TRIGger:A:MODE AUTO')
  hmo1024.write('TRIGger:A:LEVEl1:VALUe 1')
  hmo1024.write('TRIGger:A:EDGE:SLOPe POSItive')
```

→ Einstellungen für die zwei Messungen.

```
  hmo1024.write('MEASurement1:SOURce CH1')
  hmo1024.write('MEASurement1:MAIN RMS')
  hmo1024.write('MEASurement2:SOURce CH2')
  hmo1024.write('MEASurement2:MAIN RMS')
```

→ Die Rückgabe ist wichtig, um später im Hauptprogramm z. B. die Zeitbasis am Oszilloskop zu ändern

```
  return hmo1024
```

→ Dann wird die Messschleife aufgerufen, die die Werte von ua÷ue in Abhängigkeit der Frequenz berechnet

***messschleife_08.py:***

→ Notwendige Importe

```
import pyvisa
import time
```

→ Funktion der Messschleife, die mit den Parametern der Frequenz und der Zeitbasis im Hauptprogramm aufgerufen wird.

```
def messschleife(f, tb):

  rm = pyvisa.ResourceManager()
  afg3021b=rm.open_resource('TCPIP::192.168.178.33::INSTR')
  hmo1024 = rm.open_resource('ASRL/dev/ttyUSB0::INSTR')
```

→ Hier werde die Werte der Spannungen und der Frequenz gesammelt.

```
  wert_ua = []
  wert_ue = []
  wert_f = []
  wert_ua_ue = []
```

→ Hier beginnt die eigentliche Schleife. Die Frequenz und die Zeitbasis wird nach dem Array, welches im Hauptprogramm definiert ist, eingestellt.

```
  for fq, t in zip(f, tb):
    afg3021b.write(f'SOURce1:FREQuency:Fixed {fq}')
    hmo1024.write(f'TIMEbase:SCALe {tb}')
    time.sleep(1)
```

→ Hier werden die Messwerte aufgenommen und in die Listen eingetragen. Die Printanweisungen dienen der Kontrolle, falls etwas nicht funktioniert.

```
    vpp_ch1 = float(hmo1024.query('MEASurement1:RESUlt?'))
    vpp_ch2 = float(hmo1024.query('MEASurement2:RESUlt?'))
    #print (f' {vpp_ch1} V')
    #print (f' {vpp_ch2} V')
```

→ Bei der Berechnung von ua÷ue ist auf die Anzahl der Stellen hinterm Komma (**"%.3f"**) zu achten. Die Werte werden in die entsprechende Liste eingetragen.

```
    ua_ue = float("%.3f" %(vpp_ch2 / vpp_ch1))

    wert_ua.append (vpp_ch2)
    wert_ue.append (vpp_ch1)
```

```
    wert_f.append (fq)
    wert_ua_ue.append (ua_ue)
```

Als Rückgabewert sind die Frequenz und die Berechnung von ua÷ue von Bedeutung.

```
return wert_f, wert_ua_ue
```

In der Plotdatei wird nun die Funktion zu Ausgabe der Daten also Plot aufgerufen.

*create_plot_08.py*

→ Notwendiger Import

```
import matplotlib.pyplot as plt
```

→ Funktion die im Hauptprogramm aufgerufen wird. Übergeben werden die Frequenz und die Berechnung von ua÷ue, mit der dann die Grafik erzeugt wird. Die Hintergrundfarbe ist hellblau, die Skalen werden logarithmisch dargestellt und beschriftet. Außerdem wird eine Gerade auf die Y-Achse bei
0,707 gezeichnet.

```
def create_plot(wert_f, wert_ua_ue):
  fig = plt.figure(facecolor='lightblue')
  ax = fig.add_subplot(1, 1, 1)
  plt.plot(wert_f, wert_ua_ue)
  ax.set_xscale('log')
  ax.set_yscale('log')
  ax.set_title('Übertragungskennlinie')
  ax.set_ylabel('ua/ue')
  ax.set_xlabel('Frequenz')
  plt.axhline(0.707)
  plt.show()
```

Nach den erstellten externen Dateien folgt nun das Hauptprogramm.

```
# ********************************************************
# Tiefpassfilter durchmessen, Grenzfrequenz bestimmen
# ********************************************************
```

→ Notwendiges Modul. Pyvisa, gpiozero sind in den externen Funktionen vorhanden und brauchen hier nicht mehr angegeben zu werden.

```
import time
```

→ Die Funktionen aus den externen Dateien werden importiert. Die „08“ steht dabei für das 8. Programm, um diese von den anderen Programmen zu unterscheiden.

```
from setup_08_hmo1024 import setup_hmo1024
from setup_08_afg3021 import setup_afg3021
```

```
from messschleife_08 import messschleife
from create_plot_08 import create_plot
```

→ Import für die Relais

```
from gpiozero import LED
```

→ Hier erfolgt der Aufruf der externen Funktionen mit gleichzeitiger Übergabe des Return-Werts.

```
hmo1024 = setup_hmo1024()
afg3021b = setup_afg3021()
```

→ GPIOs vorbereiten

```
k_26 = LED(26)
k_19 = LED(19)
k_13 = LED(13)
```

→ Tiefpass mit $f_g$ = 1590 Hz einschalten

```
k_13.on()
k_26.on()
k_19.on()
```

→ Etwas aufwendig aber notwendig sind die Arrays, um verschieden Frequenzen und dazugehörige Zeitbasen einzustellen. Die Zeitbasen sind so gewählt, dass man auf dem Oszilloskop immer ein gutes, sichtbares Bild erhält. Für die Frequenz von 200 Hz (erster Wert des Arrays FREG) soll eine Zeitbasis von 500 µs (erster Wert des Arrays TIME_BASE) eingestellt werden. Beide Array sind also als zusammenhängend zu betrachten. In einer for-Schleife kann man damit diese Wertepaare der beiden Arrays der Reihe nach abrufen. Die geschieht mit dem Aufruf **for tb, fq in zip(TIME_BASE, FREQ)** (siehe Funktion Messschleife). Die Anzahl der Einträge muss übereinstimmen.

```
FREQ = [200, 300, 400, 500, 600, 700, 800, 900, 1000, 1100,
  1200, 1500, 1600, 1700, 1800, 1900, 2000]
TIME_BASE = [0.0005, 0.0005, 0.0005, 0.0005, 0.0005, 0.0005,
  0.0002, 0.0002, 0.0002, 0.0002, 0.0002, 0.0001, 0.0001,
  0.0001, 0.0001, 0.0001, 0.0001, 0.0001, 0.0001, 0.0001]
```

→ Aufruf der Messschleifenfunktion. Die Messwerte wert_f und wert_ua_ue werden zur weiteren Verarbeitung von der Funktion zurück gegeben. An die Funktion werden die o. g. Arrays übergeben.

```
wert_f, wert_ua_ue = messschleife(FREQ, TIME_BASE)
```

→ Nun erfolgt der Aufruf der Plotfunktion. → Für die Ermittlung der Grenzfrequenz (per Mauszeiger) wird eine horizontale Gerade bei ua_ue = 0,707 gezeichnet, sodass so die Grenzfrequenz ermitteln kann.

```
create_plot(wert_f, wert_ua_ue)
```

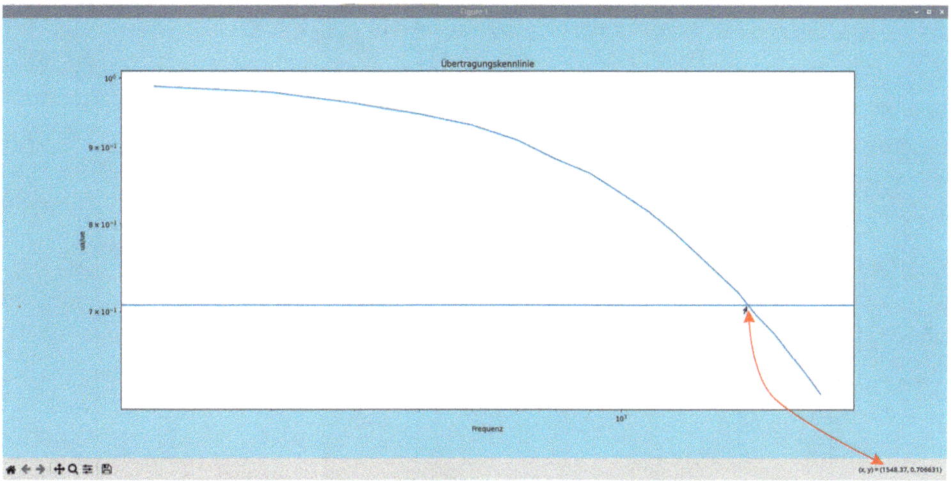


**Abb. 16.2** Frequenzgang des Tiefpasses

→ Am Ende wird der Funktionsgenerator auf 200 Hz zurück gestellt und der Ausgang ausgeschaltet.

```
afg3021b.write('SOURce1:FREQuency:Fixed 10')
afg3021b.write('OUTPUT1:STATE OFF')
```

→ Tiefpass ausschalten

```
k_19.off()
```

Die Grafik sieht nun folgendermaßen aus (Abb. 16.2):

Am Kreuzungspunkt der 0,707-Geraden und der aufgenommenen Kennlinie kann man mit der Maus dann unten rechts die Werte abgelesen: 1,548 kHz bei 0,706.

## 16.5 Sollte das Ergebnis nicht so aussehen wie oben

Es gibt immer wieder Fehlerquellen, die man zu erst nicht erkennt. Wenn also die Übertragungskennlinie wie folgt (oder ähnlich) aussieht, kann das verschiedene Ursachen haben. Einige Hinweise dazu sind auf der nächsten Seite aufgelistet (Abb. 16.3).

• Zu grobe Abstände bei der Frequenzeinstellung.
→ Frequenzeinstellung (Array) feiner einstellen.

• Das Ausgangssignal ist stark gestört, verrauscht oder „wackelt" oder der Funktionsgenerator erzeugt kein gutes, stabiles Signal.
→ Alle Messleitungen überprüfen. Händische Überprüfung des Ausgangssignals mit einem Oszilloskops. Ggf. Störeinflüsse (Masseschleife, störende andere Elektronik etc.) ausfindig machen und abstellen.

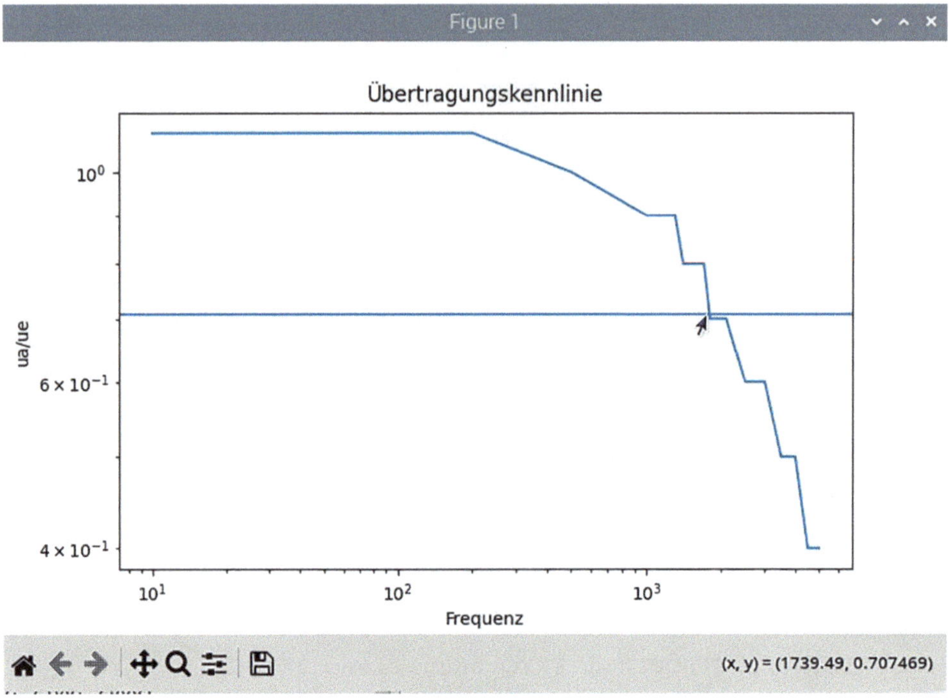


**Abb. 16.3** Übertragungskennlinie mit Abweichungen

- Die Spannungseinstellung (SCALE, also V/DIV) am Oszilloskop ist zu klein oder zu groß
→ Damit kann das Oszilloskop eventuell falsche oder ungenaue Messergebnisse liefern. Spannungseinstellung ändern. Die Signale sollten auf dem Oszilloskop gut sichtbar sein. Nicht zu klein aber auch nicht über den Bildschirmrand hinaus.

- Ungenauigkeit bei der Berechnung von ua_ue.
→ Ändern der Berechnung mit zwei oder drei Stellen hinter dem Komma.

- Den Messgeräten wird zu wenig Zeit gegeben, um umzuschalten oder zu messen
→ time.sleep(x) einfügen oder vergrößern.

- Keines der Relais ist steuerbar.
→ Schaltung überprüfen, Spannungsversorgung, Kabel, Wackelkontakt, Lötstellen etc.

**Hinweis**
Der doch einfache Aufbau der Hardware sollte nicht darüber hinweg täuschen, dass das Programm doch sehr komplex ist.

## 16.6 Welcher Filter besitzt welche Grenzfrequenz

Um herauszufinden, welcher der vier Filter welche Grenzfrequenz besitzt, werden die in der obigen Tabelle errechneten Grenzfrequenzen eingestellt und dann mittels Relais jeder Filter darauf hin getestet. Dies wird in einem neuen Programm realisiert.

```
# ************************************************
# Überprüfung der Grenzfrequenz für jeden Filter
# ************************************************
import time
from gpiozero import LED
```

→ Auch hier werden die beiden externen eigenen Funktionen importiert.

```
from setup_08_hmo1024 import setup_hmo1024
from setup_08_afg3021 import setup_afg3021
```

→ Hier erfolgt der Aufruf der externen Funktionen mit gleichzeitiger Übergabe des Return-Werts.

```
afg3021b = setup_afg3021()
hmo1024 = setup_hmo1024()
```

→ GPIOs vorbereiten.

```
k_26 = LED(26)
k_19 = LED(19)
k_13 = LED(13)
```

→ Liste der Relais für die 4 Filter, dann alle ausschalten.

```
relais = [k_13, k_26]
[all_relais.off() for all_relais in relais]
```

→ Auflistung der (theoretischen) Grenzfrequenzen in einem Dictionary (siehe Tabelle weiter oben).

```
fg_mapping = {
  1: 482.3,
  2: 723.4,
  3: 1060,
  4: 1590
  }
```

→ Auflistung der R- und C-Werte in einem Dictionary (siehe Tabelle weiter oben).

```
filter_mapping = {
```

```
  1: "15k 22n",
  2: "15k 10n",
  3: "10k 22n",
  4: "10k 10n"
  }
```

→ Funktionsdefinition mit Zähler für die einzelnen Relais.

```
def switch_relais(i):
```

→ Auflistung der zu schaltenden Relais (siehe Tabelle weiter oben).

```
relais_mapping = {
  1: [],
  2: [k_13],
  3: [k_26],
  4: [k_13, k_26]
  }
```

→ Relais in Abhängigkeit der Zählvariable beim Aufruf dieser Funktion einschalten.

```
    if i in relais_mapping:
  for relais in relais_mapping[i]:
    if relais:
      relais.on()
```

→ Ende der Funktionsdefinition.

→ Schaltung / Filter einschalten.

```
k_19.on()
```

→ Hinweis für den Benutzer

```
print("Auswertung der verschiedenen Filtertypen ...")
print("----------------------------------------------")
```

→ Messschleife von 1 bis 4 (wie oben im Mapping)

```
for i in range(1,5):
```

→ Funktionsaufruf zur Schaltung der Relais.

```
  switch_relais(i)
```

→ Aktuellen Filtertyp anzeigen.

```
  print(f"Filter {i}")
```

→ Innere Schleife zum Einstellen der Frequenzen und Messen des Ausgangssignals des Filters. Anschließende Berechnung.
Das [fg] in fg_mapping ist der angegebene Frequenzwert. Die beiden Printanweisungen sind zum Testen vorgesehen.

```
for fg in fg_mapping:
  afg3021b.write(f'SOUR:FREQ:Fixed {fg_mapping[fg]}')
  time.sleep(3)
  vpp_ch1 = float(hmo1024.query('MEAS1:RESUlt?'))
  vpp_ch2 = float(hmo1024.query('MEAS2:RESUlt?'))
  #print(f"{vpp_ch2:.2f}")
  #print(f"{vpp_ch2/vpp_ch1:.2f}, {fg_mapping[fg]}")
```

→ Um die Bauteiletoleranzen zu berücksichtigen, ist für den Wert von 0,707 (theoretisch) ein Bereich zwischen 0,66 und 0,78
festgelegt. In der Printanweisung wird die theoretische Grenzfrequenz mit dem dazu passenden Filtertyp (C und R) ausgegeben.

```
  if (0.66 < (vpp_ch2 / vpp_ch1) < 0.78):
  print(f"Grenzfrequenz : {fg_mapping[fg]} Hz ,
  Filtertyp: {filter_mapping[i]}")

time.sleep(1)
```

→ Pro Schleifendurchlauf werden K13 und K26 ausgeschaltet, damit nur die jeweiligen Relais geschaltet werden.

```
[all_relais.off() for all_relais in relais]
```

Schaltung und Ausgang des Funktionsgenerators ausschalten.

```
k_19.off()
afg3021b.write('OUTPut1: STATe OFF')
```

Das Bild zeigt nun das Ergebnis der Auswertung (Abb. 16.4).

Kleine Aufgabenidee dazu: Implementieren Sie das zweite Programm in das erste (mit einer entsprechenden externen Funktion).

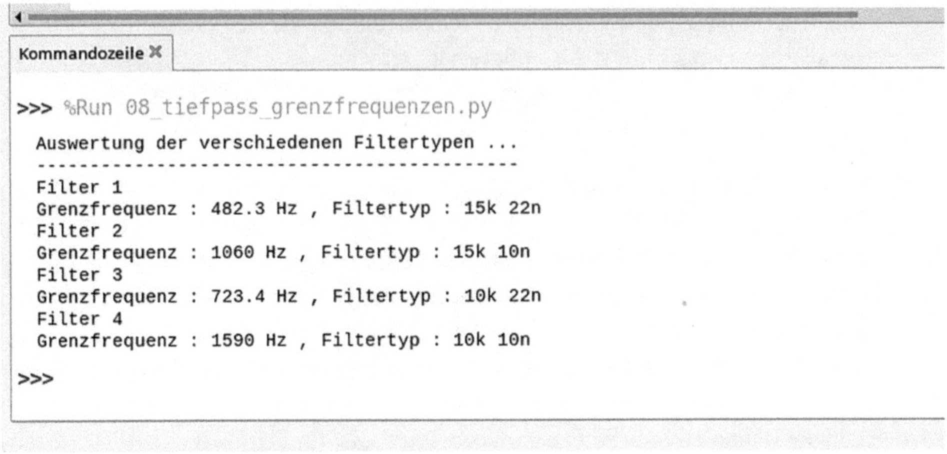


**Abb. 16.4** Auswertung der Messungen

# 17 Programm: Potis ausmessen

In diesem mechanisch aufwendigen Experiment geht es um das Ausmessen zweier Potis und die Darstellung der Messungen in einer Grafik. Dabei soll herausgefunden werden, ob es sich um Potis mit einer linearen oder logarithmischen Kennlinie handelt. Beide Potis haben den gleichen Widerstandswert von 10 kΩ und werden als Spannungsteiler geschaltet (man könnte aber auch den Widerstandswert zwischen Schleifer und einem Ende messen).

Die Mechanik habe ich mit Fischertechnik Komponenten realisiert. Ein Motor mit Getriebe treibt dazu die beiden fest montierten Potis von einer zur anderen Seite an und schaltet dann automatisch ab. Die Abschaltung geschieht mit Tastern, die durch eine Nockenscheibe betätigt werden. Den Aufbau sieht man auf dem folgenden Bild (Abb. 17.1):

Links und rechts sieht man die befestigten Potis, allerdings fehlen dort noch die Anschlüsse für die Messgeräte und den RPi. In der Mitte befindet sich der große Motor mit Getriebe, rechts davon die Nockenscheibe. Die beiden blauen Teile sind aus dem 3D Drucker entstanden, sie sind die Mitnehmer für die Potiachsen. Das Detailbild zeigt die Nockenscheibe, die einen der Taster bedient, sodass der Motor in dieser Position ausgeschaltet wird.

Erst durch Polumkehr am Netzgerät, welches auf 4–6 V eingestellt wird (= Motorspannung), kann der Motor in die andere Richtung drehen. Da es sich um Wechseltaster handelt, kann man dies einfach mit zusätzlichen Dioden lösen. Beim Aufbau der Mechanik ist darauf zu achten, dass die Potis entsprechend der Nockenscheibe ausgerichtet werden. Wenn sich also die Nockenscheibe am rechten (Abb. 17.2)

Anschlag auf dem Taster befindet, dann muss sich das eine Poti am linken Anschlag (von vorne gesehen!) und das entgegengesetzte am rechten Anschlag befinden. Erst dann können diese montiert werden. Weitere Infos zum Aufbau findet man weiter unten.



B. Redemann, *Automatisiertes Messen mit steuerbaren Geräten und dem Raspberry Pi 5*, https://doi.org/10.1007/978-3-658-52314-5_17

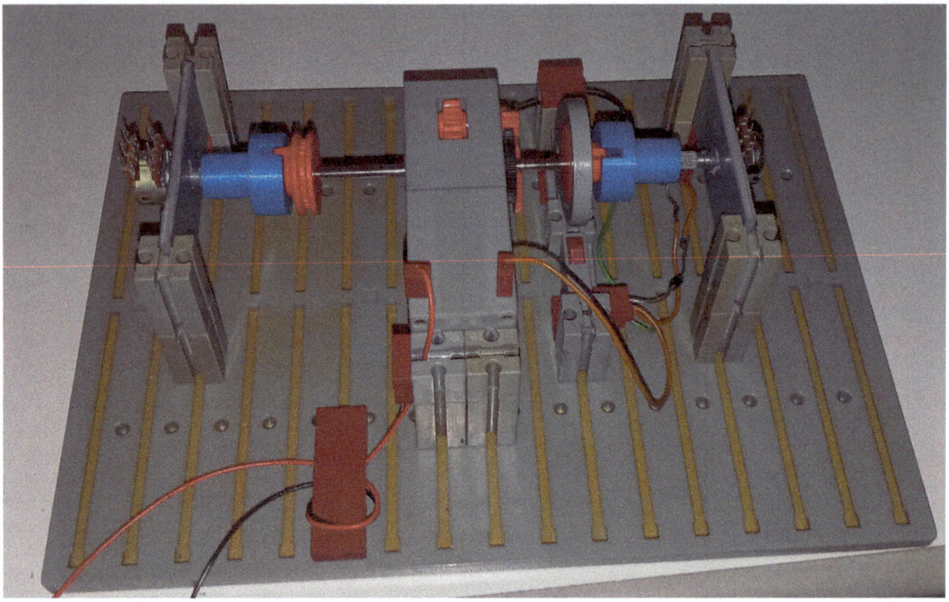

**Abb. 17.1** Aufbau des Experiments

**Abb. 17.2** Detail Nockenscheibe

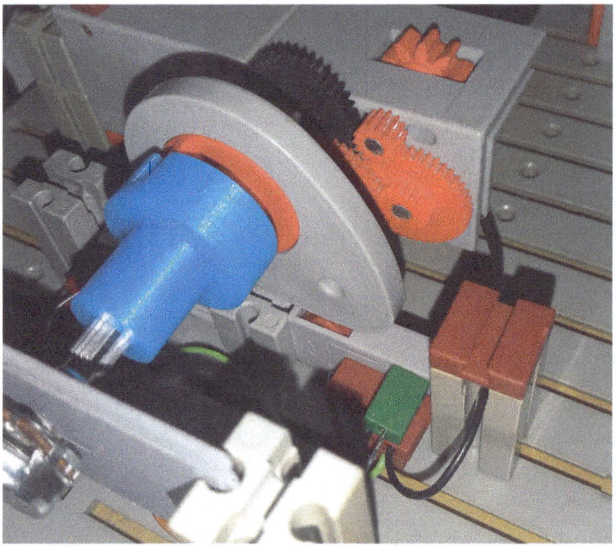

Die Schaltung dazu sieht man im folgenden Bild, Netzgerät und Multimeter sind per LAN am RPi angeschlossen. Befindet sich die Nockenscheibe auf einer der beiden Seiten (Taster hat den Motor ausgeschaltet), kann die erste Messung erfolgen, nämlich die Spannung an den beiden Potis in der „Nulllage“. Anschließend wird mit Relais K5 umgepolt und nach sehr kurzer Zeit, z. B. 0,5 s, durch Relais K6 wieder ausgeschaltet (Abb. 17.3).

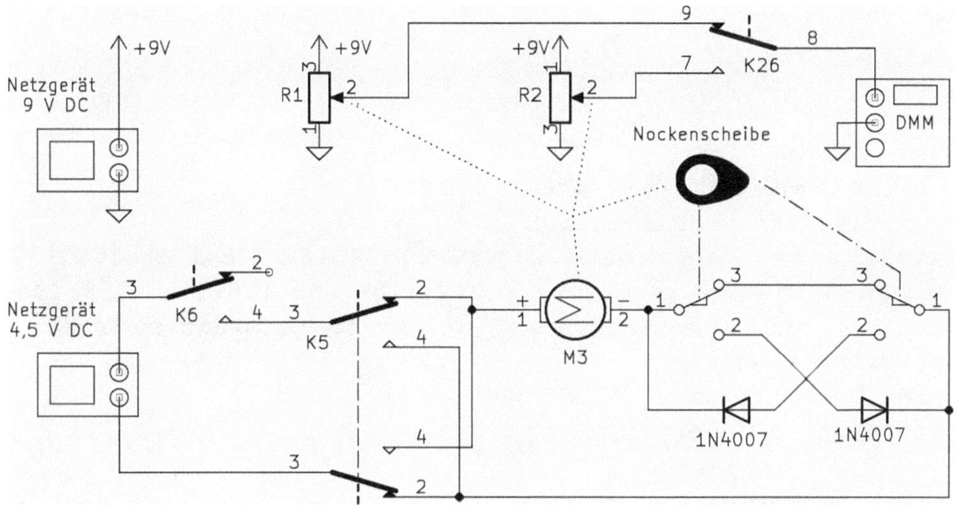


**Abb. 17.3** Übersicht Schaltungsaufbau

Die Messwerte werden aufgenommen und wieder wird in einer bestimmten Zeit mittels K6 eingeschaltet usw. . Diese Vorgehensweise ist notwendig, da das Multimeter zum Ausgeben der Messwerte Zeit benötigt und nicht dauerhaft diese Werte ausgeben kann. Das es sich um einen einfachen Gleichstrommotor handelt, stellt sich die Frage, wie man die x-y-Kennlinie aufnimmt. Die Spannung an der Potiachse in Abhängigkeit des Drehwinkels gibt darüber Aufschluss, ob es sich um ein lineares oder logarithmisches Verhalten des Potis handelt. Man kann bei einem Gleichstrommotor aber keinen bestimmten Winkel abfahren wie bei einem Schrittmotor. Stattdessen werden hier die einzelnen Messschritte, die zeitlich abgefahren werden, als x-Wert dargestellt. Das bedeutet aber auch eine gewisse Ungenauigkeit, die hier jedoch akzeptabel erscheint. Der Motor kann mit bis zu 6 V (später wird man sehen, es sind 4,5 V) betrieben werden. Die Nockenscheibe läuft dann durch das Getriebe auch langsam genug. Der Winkel, den die Nockenscheibe durchläuft, ist kleiner als 270° (grob nachgemessen). Das hat zur Folge, dass die Potis einigermaßen gleich ausgerichtet werden müssen und die Minimal- und Maximalspannung vermutlich eher nicht erreichen werden. Dennoch sollten diese Einschränkungen und Ungenauigkeiten ausreichen, um eine Aussage zur Nichtlinearität zu machen.

## 17.1 Das Programm im Einzelnen

```
# ****************************************
# Programm zum Ausmessen von zwei Potis
# (Linear und Logarithmische Kennlinie
# ****************************************
```

→ Wie gehabt die benötigten Importe.

```
import pyvisa
import time
from gpiozero import LED
import matplotlib.pyplot as plt
```

→ Initialisieren der Geräte und Ausgeben der IDN.

```
rm=pyvisa.ResourceManager()
hmc8012 = rm.open_resource('TCPIP::192.168.178.112::INSTR')
hmp2030 = rm.open_resource('TCPIP::192.168.178.99::5025::SO-
  CKET', read_termination = '\n', write_termination = '\n',
  timeout = 5000)
print(hmc8012.query('*IDN?'))
print(hmp2030.query('*IDN?'))
```

→ Die gesammelten Messwerte je Potentiometer werde in Listen eingetragen, ebenso die Werte für die X-Achse, die der Zählvariablen i in der Messschleife entsprechen.

```
potentiometer1 = list()
potentiometer2 = list()
x_wert = list()
```

→ Die drei notwendigen Relais.

```
k_6 = LED(6) # Ein/Aus Motor
k_5 = LED(5) # Motorrichtung
k_26 = LED(26) # Auswahl Poti
```

→ Zunächst wird das Netzgerät eingestellt. Kanal 1 sind die 9 V für die Potis, die 4,5 V für den Motor.

```
hmp2030.write('INSTrument:SELEct OUT1')
hmp2030.write('SOURce:VOLTage 9V')
hmp2030.write('SOURce:CURRent 0.2A')
hmp2030.write('OUTPut:STATe ON')

hmp2030.write('INSTrument:SELEct OUT2')
hmp2030.write('SOURce:VOLTage 4.5V')
hmp2030.write('SOURce:CURRent 1A')
hmp2030.write('OUTPut:STATe ON')
```

→ Als erstes wird die Schaltung ausgeschaltet. Voraussetzung ist die Position der Nockenscheibe an eine der Enden (Taster hat Motor ausgeschaltet).

```
k_6.off()
```

→ Nun wird umgepolt, damit sich der Motor in die entsprechende Richtung drehen kann.

```
k_5.on()
```

→ Hier beginnt nun die Messreihe. Es erfolgen 27 Durchläufe, wobei nach 0,2 s der Motor gestoppt wird und die Messwerte aufgenommen werden. Mit K26 (*off*) wird die Spannung an Poti 1 und mit K26 (*on*) die Spannung an Poti 2 gemessen.

Nach jedem Durchlauf werden die Messwerte in die Listen (*potentiometer1* und *potentiometer2*) eingetragen, ebenso die Werte für die X-Achse (*x_wert*).

```
for i in range(27):
  k_6.off()
```

→ Messung für Poti 1 beginnt.

```
  k_26.off() # für poti 1
  pot_1 = float(hmc8012.query('MEASure:VOLTage:DC? AUTO'))
  print("Potispannung 1: " "%.3f" %(pot_1), "Volt")
  time.sleep(3)
```

→ Messung für Poti 2 beginnt.

```
  k_26.on() # für poti 2
  pot_2 = float(hmc8012.query('MEASure:VOLTage:DC? AUTO'))
  print("Potispannung 2: " "%.3f" %(pot_2), "Volt")
  time.sleep(3)
```

→ Die Messwerte werden in die entsprechenden Listen geschrieben.

```
  potentiometer1.append(pot_1)
  potentiometer2.append(pot_2)
```

→ Auch die Messpunkte (x-Werte) werden in eine Liste geschrieben. Die Print-Anweisungen dienen als Hilfe.

```
  x_wert.append(i)
  print(potentiometer1)
  print(potentiometer2)
```

→ Hier wird nun der Motor für 200 ms eingeschaltet, damit die nächste Messung beginnen kann.

```
  k_6.on()
  time.sleep(0.2)
```

→ Nach den 27 Durchläufen befindet sich die Nockenscheibe auf der anderen Seite und der Motor wird durch den Taster ausgeschaltet. Um das Programm erneut starten zu können, wird nun mittels K5 wieder umgepolt, damit der Motor in seine Startposition zurückkehrt. K6 muss ebenfalls eingeschaltet werden, da ja dieses Relais beim Beenden der for-Schleife ausgeschaltet wurde (Abb. 17.4).

```
k_5.off()
k_6.on()
```

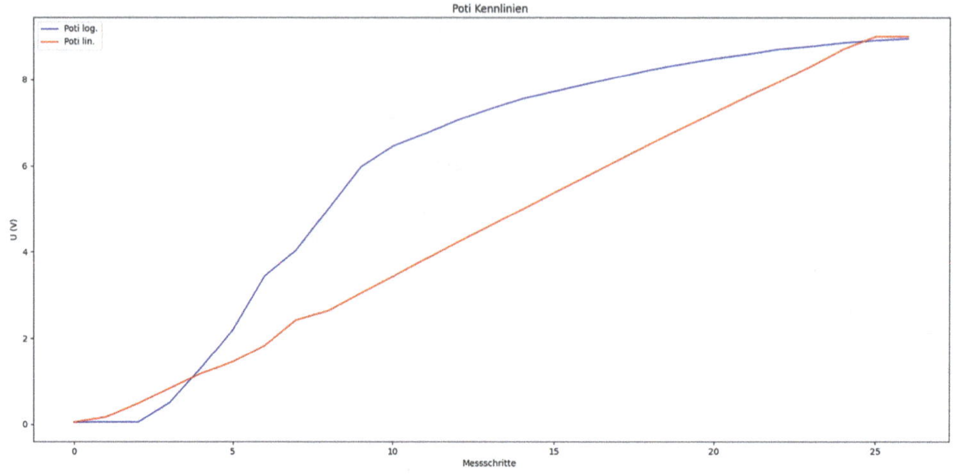


**Abb. 17.4** Kennlinien der Potis

→ Am Ende erfolgt dann, wie oben bei den Kennlinien, der Plot.

```
fig, ax = plt.subplots()
ax.plot(x_wert, potentiometer1)
ax.set_title('Poti Kennlinie')
ax.set_ylabel('U')
ax.set_xlabel('Winkel')
ax.legend()
plt.show()
```

## 17.2 Wichtige Hinweise zum Programm und zum Aufbau

Für den Nachbau solch einer Messung sollte man experimentierfreudig sein. Die obige Kennlinie sieht schon sehr gut aus, allerdings waren dafür auch einige kleinere Programmänderungen sowie mechanische Anpassungen notwendig.

Die Spannung des Antriebsmotors (hier 4,5 V), die Anzahl der Messschritte (hier 27) und die Laufzeit des Motors (hier 0,2 s) hängen unmittelbar zusammen. Je höher die Motorspannung, umso kürzer muss die Laufzeit des Motors betragen und dementsprechend die Anzahl der Messschritte angepasst werden.

In der Grafik sieht man sehr gut, dass dass logarithmische Potentiometer in den ersten beiden Messschritten (unten links) keine Widerstandsänderung ausweist. Oben rechts wiederum sieht man eine Abflachung der Kennlinie bei dem linearen Potentiometer. Grund hierfür ist die Tatsache, dass sich bereits in der vorletzten Messung das Potentiometer in der Endlage befand, was wiederum dem mechanischen Aufbau geschuldet ist.

Die wenigen Dellen im Plot sind vermutlich Ungenauigkeiten seitens der Motorposition. Auch wenn der Motor nur 200 ms läuft, kann nicht genau bestimmt werden, ob dies dann auch tatsächlich der Fall ist. Kleinere Nachlaufzeiten am Motor oder aber auch das Getriebe können hier die Ursache sein.

## 17.3 Was im Programm nicht realisiert wurde

Was passiert eigentlich, wenn die Nockenscheibe oben in der Mitte positioniert ist und man das Programm startet? Nun, der Motor wird sich für 200 ms in einer Richtung drehen, und es werden dann Messwerte aufgenommen. Allerdings nur bis zu dem Punkt, an dem der Motor am anderen Anschlag ausgeschaltet wird. Die Messwerte werden bis zur festgelegten Anzahl weiter aufgenommen, allerdings sind diese nicht verwertbar, da beide Potentiometer auf linken bzw. rechten Anschlag stehen.

Wenn die Nockenscheibe in der Mitte positioniert ist und man mittels K6 einschaltet, wird der Motor in jedem Fall gestartet. Durch die Stromaufnahme könnte man dies am steuerbaren Netzgerät feststellen. Der folgende Code zeigt diese Möglichkeit auf, platziert wird das ganze zwischen der Einstellung des Netzgeräts und der for-Schleife:

```
...
hmp2030.write('OUTPut:STATe ON')
```
→ Es wird eingeschaltet, Motor läuft, wenn die Nockenscheibe sich in der Mitte befindet.
```
k_6.on()
```

→ Nun wird am Netzgerät der Strom gemessen und solange das Relais K5 (zur Umpolung) nicht geschaltet. Der Stromwert von 10 mA ist willkürlich gewählt. Die Print-Anweisung dient der Kontrolle.
```
current_hmp2030 = float(hmp2030.query('MEASure:CURRent:DC?'))
while (current_hmp2030 > 0.01):
  k_5.off()
  print("Bitte Warten...")
  current_hmp2030 =float(hmp2030.query('MEASure:CURRent:DC?'))
```

→ K5 schalten, und Messschleife starten.
```
k_5.on()

for i in range(7):
...
```

> Wenn man die Absicht hat, diesen Aufbau nachzubauen, so kann ich nur warnen: Er erfordert sehr viel Zeit, Experimentierfreude und Nerven.

# Projekt: Schaltregler (Step down) durchmessen

# 18

In diesem Beispiel soll ein Schaltreglermodul mit dem LM2596 bzgl. des Wirkungsgrades und des Regel- und Temperaturverhaltens durchgemessen werden. Das verwendete Modul besitzt jeweils einen Spindeltrimmer für die Spannungseinstellung (U), für die Strombegrenzung (I) und für den Full Charge Indicator (FCI).

Für den Wirkungsgrad müssen Ein- und Ausgangsleistung gemessen werden, für das Regelverhalten die Ausgangsspannung bei verschiedenen Lasten, und beim Temperaturverhalten wird die Temperatur am LM2596 und der Speicherdrossel während einer 15 minütigen Lastphase gemessen (Abb. 18.1).

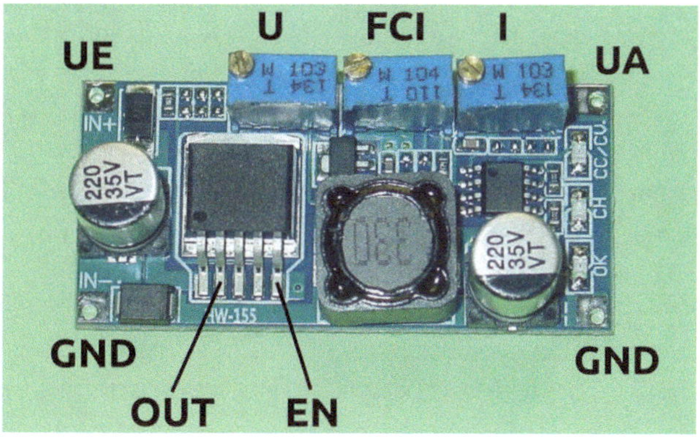


**Abb. 18.1** Das Modul mit seinen Anschlüssen


B. Redemann, *Automatisiertes Messen mit steuerbaren Geräten und dem Raspberry Pi 5*, https://doi.org/10.1007/978-3-658-52314-5_18

**Abb. 18.2** Enable-Pin (gelb) abgelötet

## 18.1 Vorbereitungen

Die Spindeltrimmer für die Strombegrenzung I und für den FCI werden auf das Maximum gestellt. Die Eingangsspannung $U_E$ für das Modul wird mit einem steuerbaren Labornetzgerät zunächst auf 20 V eingestellt. Das Labornetzgerät sollte natürlich ausreichend Strom für den Messaufbau liefern können, sodass die Strombegrenzung auf 5 A eingestellt wird. Die Ausgangsspannung $U_A$ des Moduls wird anschließend händisch mittels Spindeltrimmer U auf 5,0 V eingestellt.

Pin 5 des LM2596 ist der ON / OFF – Pin (oder auch EN = Enable), damit wird der Regler ein- oder ausgeschaltet. Dieser Pin wird vom Modul abgelötet und herausgeführt, um den Regler dann per Relais zu schalten. An Pin 2 (OUT) wird ein Draht zum Messen der Schaltfrequenz angelötet (siehe Bild unten).

Für die spätere Temperaturmessung (dritte Messung) ist u. a. ein DHT11 Sensor vorgesehen. Dieser wird aus den 3,3 V des RPi versorgt, das Sensorsignal wird an GPIO22 des RPi angeschlossen (Abb. 18.2).

## 18.2 Erste Messung – Wirkungsgrad

Gemessen wird der Ein- und Ausgangsstrom bei einer Last von ca. 2,5 A, wenn $U_E$ zwischen 8 V und 30 V in 1 V-Schritten eingestellt wird und $U_A$ = 5 V beträgt. Um den Wirkungsgrad zu ermitteln, wird jeweils auch die Ein- und Ausgangsspannung gemessen. Es werden also zwei steuerbare Multimeter eingesetzt.

Auf der linken Seite ist das steuerbare Netzgerät zu sehen, welches zwischen 8 V und 30 V eingestellt wird. Bei den beiden Multimetern werden sowohl Strom als auch Spannung gemessen, ohne dass dort ein Relais dazwischen geschaltet wird (Abb. 18.3).

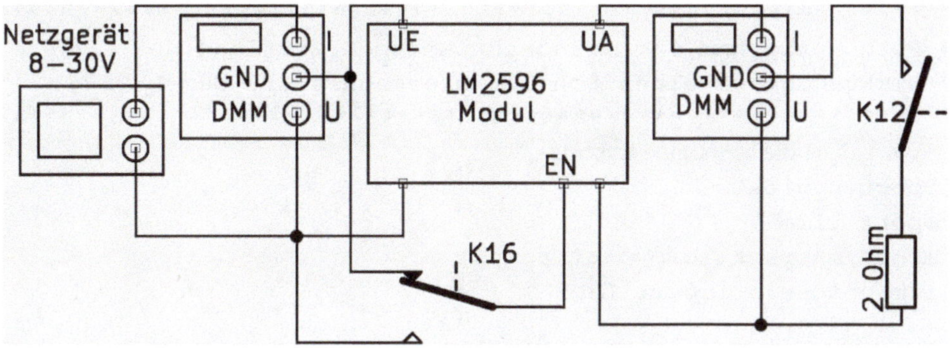


**Abb. 18.3** Übersicht Schaltungsaufbau mit Schaltregler

**Abb. 18.4** Kennlinien aus Datenblatt

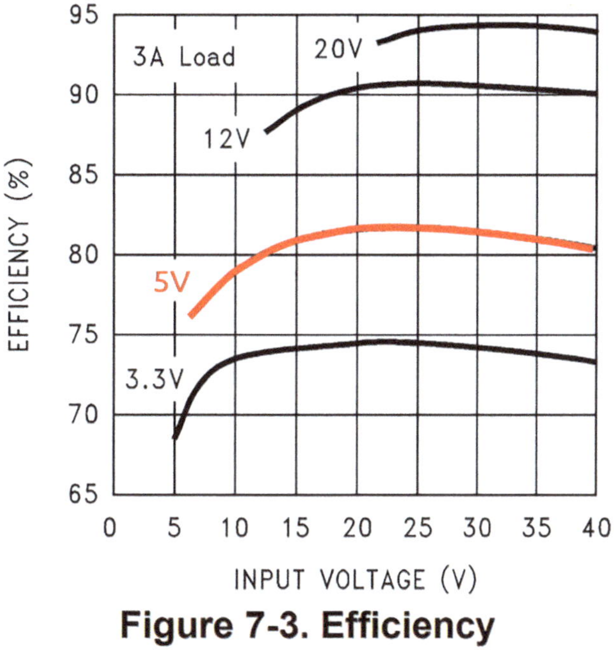


Dies bedeutet, dass der Common-Anschluss (GND) des ersten Multimeters an $U_E$ angeschlossen wird und beim zweiten Multimeter an den Relaiskontakt von K12. K16 schaltet den LM2596 entweder ein (EN dann auf GND der Schaltung) oder aus (EN dann an $U_E$).

Die Kennlinie des Wirkungsgrades bei einer bestimmen Ausgangsspannung und einer variablen Eingangsspannung sollte dann in etwa so aussehen, wie es im Datenblatt des LM2596 zu finden ist (in rot):

Da die Messreihe von den Werten im Datenblatt etwas abweicht (ca. 2,5 A statt 3 A und $U_E$ nur bis 30 V), sollte dennoch das Ergebnis des Wirkungsgrads in etwa zwischen 75 und 80 % liegen (Abb. 18.4).

```
# ***********************************************************
# Pythonprogramm zur messtechnischen Ermittlung des
# Wirkungsgrads eines Schaltreglermoduls mit dem LM2596
# ***********************************************************
```

→ Wie gehabt die benötigten Importe

```
import pyvisa
import time
import matplotlib.pyplot as plt
from gpiozero import LED
```

→ Instanz erstellen

```
rm=pyvisa.ResourceManager()
res=rm.list_resources()
print(res)
```

→ Es werden zwei Relais benötigt, zum Einschalten des Reglers und zum Zuschalten des Lastwiderstands.

```
k_12 = LED(12) # Lastwiderstand 2 Ohm
k_16 = LED(16) # LM2595 Enable (ein/aus)
```

→ Die Listen für die gesammelten Werte werden erstellt. Da in der Grafik der Wirkungsgrad in Abhängigkeit der Eingangsspannung dargestellt werden soll, werden also diese beiden Werte in Listen abgelegt.

```
eff = list() # Liste Wirkungsgrad
u = list() # Liste Ausgangsspannung
```

→ LM2596 ausschalten

```
k_16.off()
```

→ Relais je nach Last schalten. Es wird nur Relais K12 für einen 2 Ω Widerstand eingeschaltet. Erst später wird durch das Relais K16 der Regler aktiviert.

```
k_12.on()
```

→ Geräte öffnen, print-Anweisung für **IDN?* entfallen hier. Wie man sieht, wird neben dem verwendeten R&S HMC8012 ein Agilent 34410A eingesetzt.

```
agl34410a = rm.open_resource('TCPIP::192.168.178.35::INSTR')
hmc8012 = rm.open_resource('TCPIP::192.168.178.112::INSTR')
hmp2030 = rm.open_resource("TCPIP::192.168.178.99::5025::
SOCKET", read_termination = '\n', write_termination = '\n',ti-
  meout = 5000)
```

→ Netzgerät konfigurieren und einschalten. Wichtig dabei ist, dass genügend Strom geliefert werden kann. Daher wird die Strombegrenzung auf 5A eingestellt. Dies sollte auf jeden Fall genügen.

```
print("Netzgeraet auf 8V und 5A einstellen und einschalten")
hmp2030.write('INSTrument:SELect OUT1')
hmp2030.write('SOURCe:CURRent 5A')
hmp2030.write('SOURCe:VOLTage 8V')
hmp2030.write('OUTPut:STATe ON')
```

→ Die Messschleife beginnt. 1 V Schritte zwischen 8 V und 30 V

```
for voltage in range(8,31,1):
```

→ LM2596 einschalten

```
  k_16.on()
  print(f"Eingangsspannung: {voltage} V")
```

→ Eingangsspannung, je nach Schleifendurchlauf einstellen

```
  hmp2030.write(f'SOURCe:VOLTage {voltage}')
```

→ Agilent Multimeter auf DC-Spannung einstellen, Messbereich Auto

```
  agl34410a.write('CONFigure:VOLTage:DC AUTO')
  time.sleep(2)
```

→ Messen der Eingangsspannung und speichern in der Variablen *u_in* als Absolutwert. Da die beiden Multimeter am Ein- und Ausgang sowohl Spannung und Strom messen sollen, ist dies notwendig, da der Common-Anschluss der Multimeter nicht am GND des LM2596 angeschlossen ist und als Spannungswert ein negativer Wert gemessen wird. (Siehe Schaltungsübersicht).

```
  u_in = abs(float(agl34410a.query('MEAS:VOLT:DC? AUTO')))
  print (f"Eingangsspannung gemessen: {u_in} V")
  time.sleep(2)
```

→ Messen des Eingangsstroms, speichern in *i_in*. Die Polarität ist bei der Strommessung richtig, also keine Umwandlung in den Absolutwert. Wichtig hier ist die vorherige Umstellung auf den Strommessbereich und der *time.sleep(2)* Aufruf.

```
  agl34410a.write('CONFigure:CURRent:DC 3A')
  time.sleep(2)
  i_in = float(agl34410a.query('MEASure:CURRent:DC? 3A'))
  print (f"Eingangsstrom gemessen: {i_in} A")
  time.sleep(2)
```

→ Messen der Ausgangsspannung und speichern in der Variablen *u_out* als Absolutwert (Siehe Schaltungsübersicht).

```
hmc8012.write('CONFigure:VOLTage:DC AUTO')
time.sleep(2)
u_out = abs(float(hmc8012.query('MEAS:VOLT:DC? AUTO')))
print (f"Ausgangsspannung gemessen: {u_out} V")
```

→ Messen des Ausgangsstroms, speichen in *i_out*. Die Polarität ist bei der Strommessung richtig, also keine Umwandlung in den Absolutwert.

```
time.sleep(2)
hmc8012.write('CONFigure:CURRent:DC AUTO')
time.sleep(2)
i_out = (float(hmc8012.query('MEASure:CURR:DC? AUTO')))
print (f"Ausgangsstrom gemessen: {i_out} A")
time.sleep(2)
```

→ Eingangsspannungen und Wirkungsgrade sammeln und in den Listen von *u* und *eff* ablegen. Die Variable *voltage* ist der Zählerstand und weist dann in der Liste die entsprechende Eingangsspannung auf.

```
u.append(voltage)
eff.append((u_out*i_out)/(u_in*i_in)*100)
```

→ Wenn die Messschleife durchgelaufen ist, wird als erster der LM2596 ausgeschaltet, der Lastwiderstand abgeklemmt und das Netzgerät auf 0 V gestellt.

```
k_16.off()
k_12.off()
hmp2030.write('SOURCe:VOLTage 0V')
hmp2030.write('OUTPut:STATe OFF')
```

→ Nun wird wie gehabt die Grafik vorbereitet. Die Achsen wurden entsprechend der Messung eingestellt und ein Raster wird erzeugt. So kann man dann gut sehen, auf welcher Höhe sich der Wirkungsgrad befindet.

```
fig, ax = plt.subplots()
plt.xlim(8, 30) # x-Achse von 8 bis 30
plt.ylim(50, 100) # y-Achse von 50 bis 100
plt.xticks(range(8, 32, 2)) # x-Achse in 2er-Schritten
plt.yticks(range(50, 101, 10)) # y-Achse in 10er-Schritten
plt.grid(True) # Gitter aktivieren
```

→ Auch hier wird ein Label bzw. eine Legende erstellt sowie die Kennlinie farblich gestaltet. Außerdem wird das mathematische Symbol „eta“ (η) im Titel dargestellt (*$\eta$*).

```
ax.plot(u, eff, color='red',label='$\eta$ bei einer Last von
  ca. 2,1A und einer Ausgangsspannung von 5,0V')
ax.set_title('Wirkungsgrad $\eta$ eines LM2596 Schalt-
  reglers')
ax.set_ylabel('$\eta$ in %')
ax.set_xlabel('UE in Volt)')
ax.legend()
plt.show()
```

Das Ergebnis der Messungen weicht vom Datenblatt ab, dafür kann es mehrere Gründe geben. Da der Wirkungsgrad zwischen 70 und 75 % liegt und nicht bei 75 bis 80 % (lt. Datenblatt), könnte eine Ursache eine ungünstige Bauteileauswahl für den Schaltregler sein. Betrachtet man das Modul, so fällt auf, dass der Eingangselko eine Kapazität von nur 220µF hat. Im Datenblatt wird dieser mit 680µF angegeben. Da während der Messungen, die sich über einige Minuten hinzog, der Regler als auch die Speicherdrossel (Datenblatt 33µH) recht warm wurden, könnte auch hier die Ursache liegen; ebenso spielt die Diode (Datenblatt 1N5824) am Schaltregler eine wichtige Rolle (Abb. 18.5).

Eine weiterer wichtiger Punkt könnte die unzureichende Kühlung des LM2596 sein, um entstehende Wärme gut abführen zu können. Auch das Layout der Leiterplatte, gerade im Bereich der Feedbackleitung des Reglers und im Bereich der Speicherdrossel (Regel: keine Massefläche unter der Drossel) könnte ein Problem darstellen. Dennoch gibt die Kennlinie ein aufschlussreiches Bild über den Wirkungsgrad des LM2596.

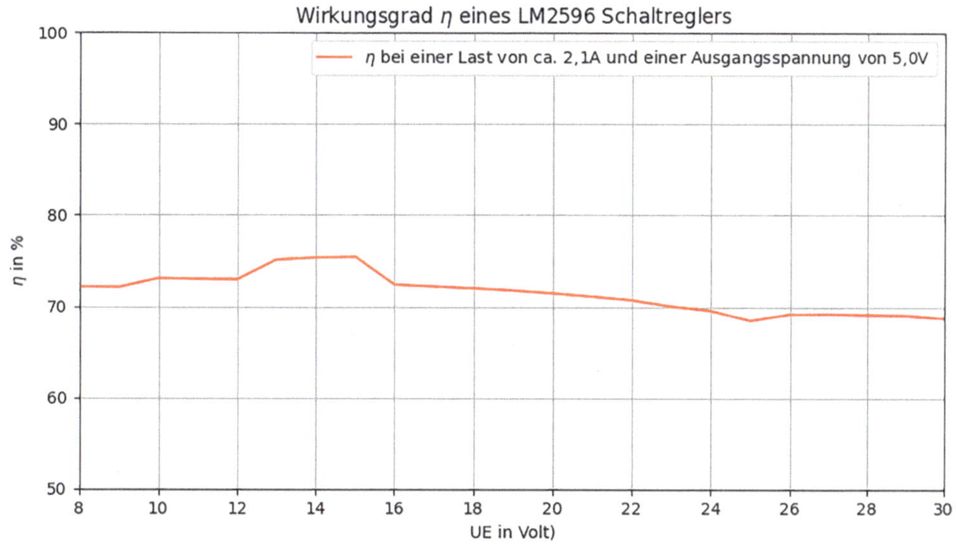


**Abb. 18.5** Wirkungsgrad

## 18.3 Zweite Messung – Lastverhalten

Das Modul soll mit verschiedenen Lasten (bei $U_A$ = 5 V und $U_E$ = 20 V) betrieben und gleichzeitig die Ausgangsspannung und der -strom gemessen werden. Dies könnte entweder mit einer steuerbaren elektronischen Last oder verschiedenen Widerständen realisiert werden. Da in diesem Fall keine steuerbare elektronische Last zur Verfügung stand, wird die Messungen mit verschiedenen Lastwiderständen realisiert.

Dabei sind die Widerstandswerte nicht nur nach den gewünschten Strömen, sondern auch so ausgewählt worden, dass man durch Reihen- und Parallelschaltung nur wenige Widerstände und damit weniger Relais benötigt. Die Auswahl der Ströme wurde so gewählt, dass sich eine relativ gleichmäßige Verteilung zwischen 100 mA und 2,5 A ergibt.

Die folgende Tabelle zeigt die gewählten Widerstandswerte und die daraus resultierenden Ströme. Die Relais werden nacheinander zu- oder abgeschaltet, sodass z. B. in der fünften Zeile drei Widerstände parallel geschaltet werden: 47 || 18 || 12 Ω ergibt dann 6,24 Ω, sodass dann bei $U_A$=5 V ein Strom von 800mA fließt. Es werden 13 Messungen durchgeführt, allerdings werden dafür nur 8 Relais bzw. Widerstände eingesetzt: K5, K6, K12, K13, K16, K19, K23 und K25.

| Zähler | Widerstand (Ω) | Strom ca. | Gesamt-R (Ω) | Geschaltete Relais |
|---|---|---|---|---|
| 1 | 47 | 106 mA | 47 | K5 |
| 2 | 47 \|\| 47 | 212 mA | 23,5 | K5, K6 |
| 3 | 47 \|\| 18 | 384 mA | 13 | K5, K12 |
| 4 | 47 \|\| 10 | 606 mA | 8,24 | K5, K13 |
| 5 | 47 \|\| 18 \|\| 12 | 800 mA | 6,24 | K5, K12, K23 |
| 6 | 10 \|\| 10 | 1000 mA | 5 | K13, K16 |
| 7 | 18 \|\| 10 \|\| 10 | 1270 mA | 3,91 | K12, K13, K16 |
| 8 | 12 \|\| 10 \|\| 10 | 1410 mA | 3,53 | K23, K13, K16 |
| 9 | 47 \|\| 47 \|\| 12 \|\| 10 \|\| 10 | 1630 mA | 3,06 | K5, K6, K23, K13, K16 |
| 10 | 47 \|\| 18 \|\| 12 \|\| 10 \|\| 10 | 1800 mA | 2,77 | K5, K12, K23, K13, K16 |
| 11 | 47 \|\| 2,7 | 1960 mA | 2,55 | K5, K25 |
| 12 | 47 \|\| 18 \|\| 2,7 | 2230 mA | 2,23 | K5, K12, K25 |
| 13 | 2 | 2500 mA | 2 | K19 |

Aus der Tabelle erkennt man, welche Widerstände benötigt werden:
2 x 47 Ω, 1 x 18 Ω, 1 x 12 Ω, 2 x 10 Ω, 1 x 2,7 Ω und 1 x 2 Ω (Abb. 18.6).

Die Widerstandswerte liegen zwischen 2 Ω ($I_A \approx$ 2,5 A) und 47 Ω ($I_A \approx$ 106 mA), sodass dort die Stufen ein gutes Bild über das Lastverhalten abgeben.

Die Leistung der Widerstände sollte dabei beachtet werden ($P = I^2 \times R$ oder $U^2 \div R$). Zunächst wird die Leerlaufspannung gemessen, dann werden der Reihe nach die Widerstände zwischen 47 Ω und 2 Ω geschaltet. Anschließend wird die Belastungskennlinie ($U_A$ in Abhängigkeit des Laststroms) mittels matplotlib erzeugt. Damit kann auf die Reglung geschlossen werden bzw. ob der Regler die 5 V auch unter Last stabil halten kann.

Im Programm kann man sehr gut nun die einzeln zu schaltenden Relais in einem Dictionary auflisten, sodass eine aufwendige if-Anweisung entfällt.

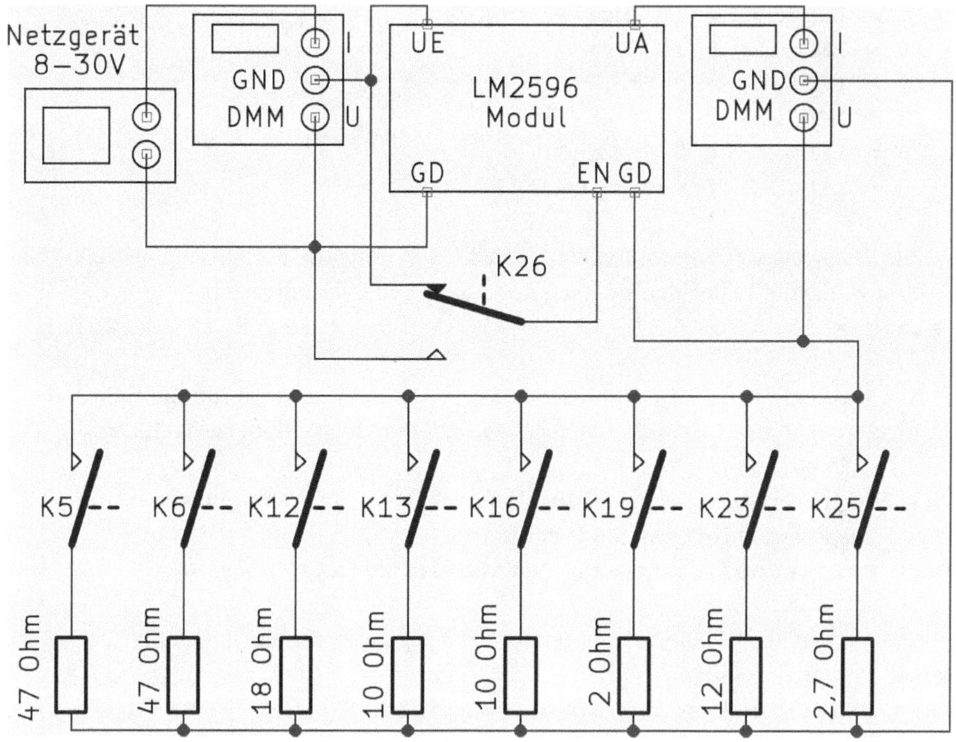


**Abb. 18.6** Messaufbau für den Lasttest

```
# ************************************************************
# Pythonprogramm zur messtechnischen Ermittlung des
# Regelverhaltens eines Schaltreglermoduls mit dem LM2596
# ************************************************************
```

→ Wie gehabt die benötigten Importe

```
import pyvisa
import time
import matplotlib.pyplot as plt
import numpy as np
from gpiozero import LED

rm=pyvisa.ResourceManager()
res=rm.list_resources()
```

→ GPIOs vorbereiten: K5, K6, K12, K13, K16, K19, K23 und K25

```
k_5 = LED(5) # 47 Ohm
k_6 = LED(6) # 47 Ohm
k_12 = LED(12) # 18 Ohm
```

```
k_13 = LED(13) # 10 Ohm
k_16 = LED(16) # 10 Ohm
k_19 = LED(19) # 2 Ohm
k_23 = LED(23) # 12 Ohm
k_25 = LED(25) # 2,7 Ohm
k_26 = LED(26) # on/off LM2596
```

→ Alle Widerstandsrelais ausschalten. Zunächst wird eine Liste mit den definierten Relais erzeugt, die die Widerstände ausschalten, siehe Schaltungsübersicht.

```
relais = [k_5, k_6, k_12, k_13, k_16, k_19, k_23, k_25]
```

→ Nun wird eine sog. List Comprehension erzeugt. In dieser wird für alle Relais, die in der oben erstellten Liste *relais* angegeben sind, die Methode off() ausgeführt, also k12.off(), k25.off() usw. .

Diese Schreibweise erleichtert die Lesbarkeit des Codes, denn sonst müsste man für jedes einzelne Relais die off() Methode anwenden.

```
[all_relais.off() for all_relais in relais]
```

→ Nun werden wie gewohnt die Listen für die Ausgangsspannung und den -strom erzeugt.

```
ua = list() # Ausgangsspannungsliste
ia = list() # Ausgangsstromliste
```

→ LM2596 Regler ausschalten.

```
k_16.off()
```

→ Geräte öffnen, print-Anweisung für **IDN?* entfallen hier. Wie man sieht, wird neben dem verwendeten R&S HMC8012 ein Agilent 34410A eingesetzt.

```
agl34410a = rm.open_resource('TCPIP::192.168.178.35::INSTR')
hmc8012 = rm.open_resource('TCPIP::192.168.178.112::INSTR')
hmp2030 = rm.open_resource("TCPIP::192.168.178.99::5025::SO-
  CKET", read_termination = '\n',write_termination = '\n',ti-
  meout = 5000)
```

→ Netzgerät konfigurieren und einschalten. Wichtig ist dabei, dass genügend Strom geliefert werden kann. Daher wird die Strombegrenzung auf 5A eingestellt.

```
print("Netzgeraet auf 20V und 5A einstellen und einschalten")
hmp2030.write('INSTrument:SELect OUT1')
hmp2030.write('SOURCe:CURRent 5A')
hmp2030.write('SOURCe:VOLTage 20V')
hmp2030.write('OUTPut:STATe ON')
```

→ Eingangsspannung messen. Messgerät in den entsprechenden Mess-bereich schalten.

```
agl34410a.write('CONFigure:VOLTage:DC AUTO')
time.sleep(2)
u_in = abs(float(agl34410a.query('MEASure:VOLTage:DC? AUTO')))
print (f"Eingangsspannung gemessen: {u_in} V")
time.sleep(2)
```

→ Messschleife, 13 Werte werden aufgezeichnet. Die Relais werden entsprechend geschaltet. Man könnte dies mit einer for-Schleife (mit neun Durchläufen) und if-Abfragen realisieren. Einfacher und etwas übersichtlicher ist es mit einem Dictionary. Dort wird zunächst festgelegt, bei welchem Zählerstand i welches Relais geschaltet werden soll. Das ganze wird in eine Funktion, die hier def switch_relais(i) heißt, gebündelt. Diese Funktion wird dann später aufgerufen.

→ Funktionsdefinition mit Zähler i (also der Zähler in der Tabelle oben).

```
def switch_relais(i):
```

→ Hier wird festgelegt, welches Relais wann schaltet. Die Tabelle oben wird praktisch hier in das Programm hinein „kopiert“.

```
  relais_mapping = {
      1: [k_5],
      2: [k_5, k_6],
      3: [k_5, k_12],
      4: [k_5, k_13],
      5: [k_5, k_12, k_13],
      6: [k_13, k_16],
      7: [k_12, k_13, k_16],
      8: [k_23, k_13, k_16],
      9: [k_5, k_6, k_23, k_13, k_16],
      10: [k_5, k_12, k_23, k_13, k_16],
      11: [k_5, k_25],
      12: [k_5, k_12, k_25],
      13: [k_19]
  }
```

→ Je nach Zählerstand Relais im Dictionary schalten.

```
  if i in relais_mapping:
    for relais in relais_mapping[i]:
      if relais: # Überprüfen, ob das Relais existiert
        relais.on()
```

→ Hier endet die Funktionsdefinition switch_relais(). Bevor diese nun aufgerufen wird, muss der Regler eingeschaltet werden.

Dies geschieht mit Relais 26.

```
k_26.on()
```

→ Messschleife, (1,14) bedeutet also von 1 bis 13.

```
for i in range(1,14):
    switch_relais(i) # Die oben definierte Funktion
    hmc8012.write('CONFigure:VOLTage:DC AUTO')
    time.sleep(2)
```

→ Messen der Ausgangsspannung, speichern in *u_out*. Die Polarität ist bei der Spannungsmessung nicht richtig, daher wird in den Absolutwert umgewandelt.

```
    u_out = abs(float(hmc8012.query('MEAS:VOLT:DC? AUTO')))
    print (f"{i}. Ausgangsspannung gemessen: {u_out} V")
```

→ Messen des Ausgangsstroms, speichern in *i_out*. Die Polarität ist bei der Strommessung richtig, also keine Umwandlung in den Absolutwert.

```
    time.sleep(2)
    hmc8012.write('CONFigure:CURRent:DC AUTO')
    time.sleep(2)
    i_out = (float(hmc8012.query('MEAS:CURR:DC? AUTO')))
    print (f"{i}. Ausgangsstrom gemessen: {i_out} A")
    time.sleep(2)
```

→ In den Listen werde die Daten gesammelt.

```
    ua.append(u_out)
    ia.append(i_out)
```

→ Am Ende des Schleifendurchgangs alle Relais ausschalten, damit beim nächsten Zählerstand nur die notwendigen Relais eingeschaltet werden. Sonst würden nur weitere Relais dazugeschaltet.

```
      [all_relais.off() for all_relais in relais] # alle
      Relais aus
```

→ Nach beenden der Messungen wird der LM2596 ausgeschaltet.

```
k_26.off()
```

→ Ausschalten aller Relais.

```
[all_relais.off() for all_relais in relais]
```

→ Hier endet die Messschleife, nun wird Netzgerät ausgeschaltet und die Grafik erzeugt.

```
hmp2030.write('OUTPut:STATe OFF')
```

→ Grafik vorbereiten, *np.arange* für die 10tel Auflösung.

```
fig, ax = plt.subplots()
```

→ Strombereich bis 3 A

```
plt.xlim(0, 3) # x-Achse von 0 bis 3
```

→ Spannungsbereich zwischen 4,7 V und 5,2V für die Grafik festlegen.

```
plt.ylim(4.5, 5.0) # y-Achse von 4,5 bis 5,0
```

→ x-Achse in Schritten von 0,5

```
plt.xticks(np.arange(0, 3, 0.5))
```

→ y-Achse in Schritten von 0,1

```
plt.yticks(np.arange(4.5, 5.0, 0.1))
```

→ Gitter aktivieren

```
plt.grid(True)
```

→ Und die Grafik beschriften

```
ax.plot(ia, ua, color='red',label='Spannungsstabilitaet des
  LM2596')
ax.set_title('Spannungsstabilitaet / Regelverhalten des
  LM2596')
ax.set_ylabel('UA in Volt')
ax.set_xlabel('IA in Ampere)')
ax.legend()
plt.show()
```

Im folgenden sieht man die Messergebnisse, die im einzelnen ermittelt wurden. Die eher unscheinbaren Ergebnisse liefern in der Grafik auf der nächsten Seite jedoch ein eher schlechtes Bild der Reglung ab. Von dieser kann jedoch kaum die Rede sein, da bereits bei kleinen Strömen unter 1 A die Spannung praktisch linear abfällt (Abb. 18.7).

| | | | |
|---|---|---|---|
| 1.Ausgangsspannung gemessen: | 4,946 V | 1.Ausgangsstrom gemessen: | 0,10 A |
| 2.Ausgangsspannung gemessen: | 4,935 V | 2.Ausgangsstrom gemessen: | 0,20 A |
| 3.Ausgangsspannung gemessen: | 4,918 V | 3.Ausgangsstrom gemessen: | 0,36 A |
| 4.Ausgangsspannung gemessen: | 4,895 V | 4.Ausgangsstrom gemessen: | 0,57 A |
| 5.Ausgangsspannung gemessen: | 4,868 V | 5.Ausgangsstrom gemessen: | 0,82 A |
| 6.Ausgangsspannung gemessen: | 4,855 V | 6.Ausgangsstrom gemessen: | 0,93 A |
| 7.Ausgangsspannung gemessen: | 4,828 V | 7.Ausgangsstrom gemessen: | 1,18 A |
| 8.Ausgangsspannung gemessen: | 4,814 V | 8.Ausgangsstrom gemessen: | 1,30 A |
| 9.Ausgangsspannung gemessen: | 4,779 V | 9.Ausgangsstrom gemessen: | 1,61 A |
| 10.Ausgangsspannung gemessen: | 4,765 V | 10.Ausgangsstrom gemessen: | 1,72 A |

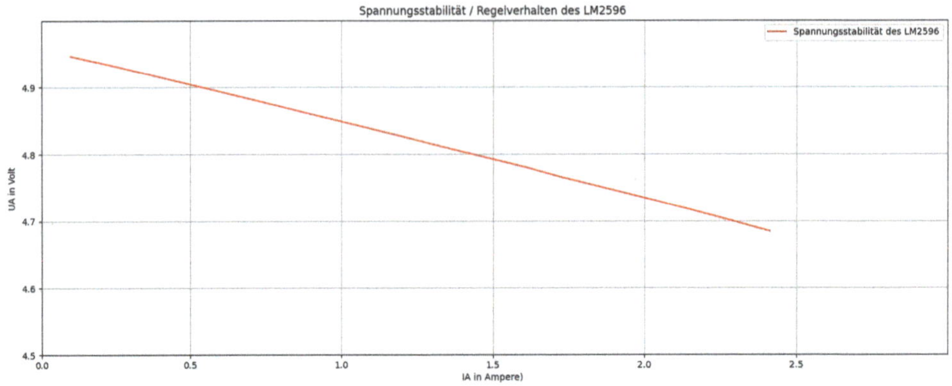


**Abb. 18.7** Ergebnis der Messung zum Regelverhalten

| | | | |
|---|---|---|---|
| 11.Ausgangsspannung gemessen: | 4,730 V | 11.Ausgangsstrom gemessen: | 2,03 A |
| 12.Ausgangsspannung gemessen: | 4,703 V | 12.Ausgangsstrom gemessen: | 2,25 A |
| 13.Ausgangsspannung gemessen: | 4,684 V | 13.Ausgangsstrom gemessen: | 2,41 A |

Ausgehend von einer Ausgangsspannung von 4,9 V fällt die Spannung bei ca. 2,4 A auf 4,7 V praktisch linear ab. Das Entspricht einer Abweichung von ca. -5 % bezogen auf die eingestellte Ausgangsspannung.

## 18.4 Dritte Messung – Temperaturstabilität

Das Modul soll nun mit einer Last von ca. 2,5 A (also einem Lastwiderstand von 2 Ω) bei 5 V 15 min laufen. $U_A$ und die Temperatur am LM2596 und der Speicherdrossel sollen während dieser Zeit im Minutentakt gemessen werden. Die Frequenz (Pin 2 des LM2596) soll zu Beginn und am Ende der Messreihe ermittelt und am Ende des Programms angezeigt werden. $U_E$ soll in diesem Versuch 20 V betragen. Anschließend wird eine Temperatur- / Spannungskurve in Abhängigkeit der Zeit aufgenommen.

Für die Temperaturmessung gibt es mehrere Möglichkeiten. Eine wäre die Verwendung eines PT100 oder PT1000 in Verbindung mit einem Multimeter, z. B. das HMC8012. Im Messbereich „Temp“ bietet sich dann die Möglichkeit, per PT100 oder PT1000 die Temperatur zu messen.

Eine weitere Möglichkeit wäre die Verwendung eines Sensors, z. B. den DHT11 oder DHT22, den man an einen der GPIOs anschließt und dann per Programm die Messwerte ausliest.

Die dritte Möglichkeit wäre die Verwendung eines PT100, welchen man mit einer 1 mA Konstantstromquelle betreibt. Die zu messende Spannung am PT 100 ist dann proportional zur Temperatur, allerdings muss diese Spannung dann über einen A/D-Wandler an den RPi in digitale Form gebracht werden.

Jede der drei Möglichkeiten hat ihre Vor- und Nachteile. Die erste Variante scheint die einfachste zu sein. Dies setzt jedoch voraus, dass das Multimeter für diese Art der Temperaturmessung mit einem PT100 oder PT1000 (oder einem anderen, entsprechenden Temperatursensor) geeignet ist. Allerdings würde das auch bedeuten, dass man entweder ein zweites Multimeter für die Spannungsmessung ($U_A$) einsetzt oder das ein Multimeter immer zwischen Temperatur- und Spannungsmessung umgeschaltet wird.

Bei der zweiten Variante mit dem DHT11/22, die scheinbar auch einfach zu realisieren ist, gibt es eine Hürde bzgl. der verwendeten „adafruit-dht" Bibliothek. Nach Beendigung der Messung muss ein Prozess auf dem RPi mit „kill <Process-ID>" beendet werden, da sonst eine weitere Messung mit der Fehlermeldung „*unable to set line xy to input*" nicht möglich ist. Dies könnte man evtl. mit einem subprocess-Kommando lösen.

Für die letzte Möglichkeit ist neben einem passenden AD-Wandler auch ggf. ein Operationsverstärker mit entsprechender Beschaltung notwendig. Die Auflösung des AD-Wandlers sollte hoch genug sein, um ein gutes Messergebnis zu bekommen. Auch hier wird eine passende Bibliothek für den AD-Wandler benötigt. Da diese Möglichkeit mit viel Aufwand verbunden ist und auch zu den anderen Versionen keinen wirklichen Vorteil bringt, wird diese hier verworfen.

### 18.4.1 Variante 1: Messung der Temperatur mit PT100 und DMM

Bei dieser Variante benötigt man nur einen PT100 oder PT1000-Sensor, ohne weitere Elektronik. Als Multimeter zur Temperatur- und Spannungsmessung wird das HMC8012 verwendet. Dies wird dann mittels Relais zwischen dem PT100 und dem Spannungsausgang des LM2596 umgeschaltet, ebenso natürlich die Messbereiche.

Diese Art der Messung erspart nicht nur die Umrechnung von Widerstand bzw. Spannung zur Temperatur, sondern auch den Aufwand des Aufbaus mit einem AD-Wandler und weiteren Bauteilen.

### 18.4.2 Variante 2: Messung der Temperatur mit DHT11-Sensor

Bei dieser Version wird der Temperatursensor DHT11 eingesetzt. Dieser hat eine 1-Wire-Schnittstelle, die mit einem freien Portpin, in diesem Fall GPIO22 verbunden wird. Die Versorgungsspannung von 3,3 V bekommt der Sensor aus dem RPi (Pin 3V3). Das Multimeter muss hierbei nicht zwischen den Messbereichen umschalten sondern misst im Minutentakt nur die Ausgangsspannung.

### 18.4.3 Messaufbau

Da die Temperatur sowohl am LM2596 als auch an der Speicherdrossel gemessen werden soll, werden beide o. g. Varianten verwendet. Der Messaufbau gestaltet sich mechanisch gesehen nicht einfach. Am besten man montiert das Reglermodul auf eine Lochrasterplatine und platziert den DHT11 und PT100 so, dass diese mit geringem Abstand über der Speicherdrossel und dem LM2596 „schweben". Dies sollte ohne Klebstreifen realisiert werden. Das Bild unten zeigt meinen Aufbau.

K16 schaltet nach wie vor den Regler ein, und an Pin 2 des LM2596 wird die Frequenz gemessen (nicht auf der Skizze zu sehen). Damit wäre die Hardware vorbereitet (Abb. 18.8).

Das Netzgerät wird auf 20 V eingestellt, K16 schaltet den LM2596 ein oder aus und K26 schaltet das Multimeter zwischen $U_A$ und dem PT100 um. Der PT100 misst dabei die Temperatur am LM2596 während der DHT11 die Temperatur an der Speicherdrossel misst (Abb. 18.9).

Links im Bild sieht man die Lastwiderstände, 2 x 1 Ω mit den Anschlüssen zum Messen von $U_A$. Über der Spule befindet sich der geöffnete DHT11 Sensor, rechts davon der PT100 Sensor. Beide sind per Stift- / Buchsenleisten gesteckt montiert und „schweben" über den Bauteilen. An Pin 2 des LM2596 (weiße Leitung die nach oben geht) wurde ein HMO1024 angeschlossen.

Vorab wird der Lastwiderstand angeschlossen, der LM2596 mit 20 V versorgt und dann mittels Spindeltrimmer die Ausgangsspannung auf 5,0 V eingestellt.

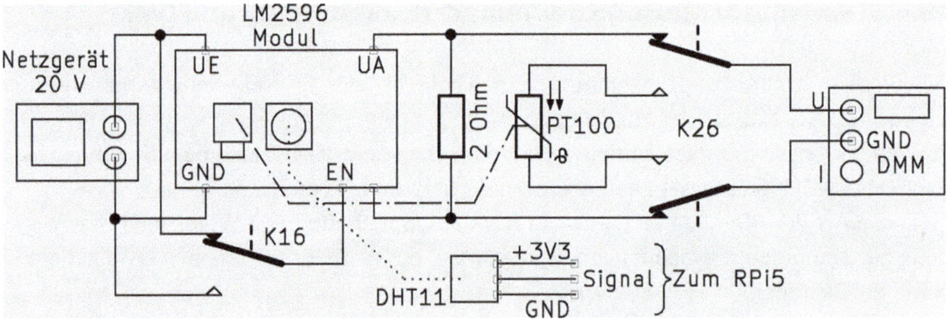


**Abb. 18.8** Messaufbau zur Temperaturmessung

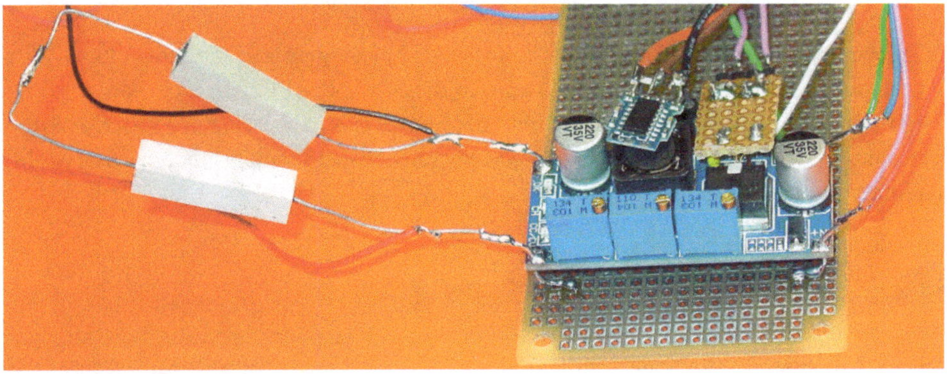

**Abb. 18.9** Realer Aufbau

### 18.4.4 Hinweise zur verwendeten adafruit_dht Bibliothek

Für den DHT-11 Sensor wird die o. g. Bibliothek von adafruit verwendet. Diese muss zunächst wie gehabt unter *Werkzeuge – Verwalte Pakte* installiert werden. Wichtig ist die korrekte Eingabe bei der Suche: adafruit_dht. Mit einem *import adafruit_dht* und *import board* wird diese dann im Programm importiert. Dann kann mit den folgenden fünf Zeilen Code und den Zuweisungen mit anschließender print-Anweisung die Temperatur und Luftfeuchtigkeit ausgeben werden:

```
dht_device = adafruit_dht.DHT11(board.D22)
temperatur = dht_device.temperature
luftfeuchte = dht_device.humidity
print (f"Temperatur: {temperatur} °C")
print (f"Luftfeuchtigkeit: {luftfeuchte} rel%")
```

Soviel zur Theorie, die in der Praxis auch einmal funktioniert. Bei wiederholtem Aufruf der o. g. Zeilen erscheint die Fehlermeldung: „*unable to set line 22 to input*“. Der GPIO22-Pin kann also kein weiteres Mal als Eingang eingestellt werden, er wird blockiert. Die Ursache dazu ist der Prozess *libgpiod_pulsein64* auf dem RPi, der zunächst beendet werden muss.

### 18.4.5 Ein Ausflug in die Linux-Terminalwelt

Unter Linux kann man sich im Terminal die laufenden Prozesse mit *ps -ef* anschauen. Die Abkürzung *ps* bedeutet process status, *e* bedeutet everything und *f* full format. Wenn man aber nur bestimmte Prozesse sehen möchte, kommt die sog. Pipe (|) ins Spiel, sie leitet das Ergebnis an das nächste Kommando weiter (*grep*), den global regular expression print. Dieses Kommando sucht nach dem Ausdruck, der nun folgt (*libgpiod_pulsein64*) und das Ergebnis wird angezeigt: Mit *ps -ef | grep libgpiod_pulsein64* bekommt man die folgende Ausgabe:

→ Kommando in der Shell:

```
gpib@raspberrypi:~ $ ps -ef |grep libgpiod_pulsein64
```

→ Ergebnis 1: der „echte“ Prozess (alles in einer Zeile). Die 2262* ist die Prozess-ID des Prozesses, der beendet werden muss.

```
gpib   2262   1 7 14:50 ?   00:00:12 /home/gpib/ Control_
  Instru ments/lib/python3.11/ site-packages/adafruit_
  blinka/microcontroller/ bcm283x /pulseio/libgpiod_pul-
  sein64 --pulses 81 --queue 29169 -i gpiochip0 22
```

→ Ergebnis 2: Der Kommandoaufruf selbst, der nicht relevant ist.

```
gpib 2275 2189 0 14:52 pts/0  00:00:00 grep -color=auto lib-
  gpiod_pulsein64
```

Neben dem eigentlichen Prozess 2262 findet man auch das eben aufgerufene Kommando, welches jedoch nicht relevant ist. Daher muss das Kommando abgeändert werden: *ps -ef | grep [l]ibgpiod_pulsein64* . Der Ausdruck (mit dem l in eckigen Klammern) hinter dem grep sorgt dafür, dass alle Prozesse mit dem Ausdruck *libgpiod_pulsein64* ausgegeben werden, außer der vom grep Kommando. Dies ist der erste Schritt, um den notwendigen Prozess zu stoppen. Der zweite Schritt ist das Herausfinden der Prozess-ID, welches die erste Zahl hinter dem Usernamen (gpib) in der Zeile des Prozesses ist (2262). Mit *kill Prozess-ID* kann der Prozess gestoppt werden. Da die Prozess-ID an zweiter Stelle in der Zeile steht, kann man diese nun mit *awk '{print $2}'* herausfinden, sodass das gesamte Terminalkommando *ps -ef | grep '[p]ulseio' | awk '{print $2}'* zum Anzeigen der Prozess-ID des *libgpiod_pulsein64* Prozesses ist.
Die genannte Prozess-ID wird auf anderen Systemen eine andere sein.

→ Vollständiges Kommando in der Shell:

```
gpib@raspberrypi:~ $ ps -ef |grep [l]ibgpiod_pulsein64 | awk
  '{print $2}'
```

→ Ergebnis ist die Prozess-ID.

```
2262
```

### 18.4.6 Externe Funktion kill_pulseio()

Nun muss dies in das Pythonprogramm implementiert werden, damit das Programm jederzeit neu gestartet werden kann, ohne die o. g. Fehlermeldung.

Zunächst wird dazu eine externe Datei *kill_pulseio_process.py* mit folgendem Inhalt erzeugt (natürlich ohne die Kommentare):

```
# ***********************************************************
# Pythonprogramm zum Beenden des libgpiod_pulsein64 Prozesses
# ***********************************************************
import subprocess
```

→ Diese Funktion wird dann im Hauptprogramm aufgerufen

```
def kill_pulseio():
```

→ Das Kommando hier „komprimieren“ und in command speichern.

```
command = "ps -ef | grep '[l]ibgpiod_pulsein64' | awk
  '{print $2}'"
```

→ Aufruf der Methode run vom subprocess und Ergebnis in result ablegen.

```
result = subprocess.run(command, shell = True, capture_out-
  put=True,
text = True)
```

→ Das Ergebnis von result nochmal umformatieren, Leerzeichen und Zeilenumbrüche entfernen und in process_id speichern.

```
process_id = result.stdout.strip()
```

→ Kann zur Sicherheit angezeigt werden.

```
print(process_id)
```

→ Zuerst schauen, ob Prozess aktiv, wenn ja, mit „kill" beenden.

```
if process_id:
  subprocess.run(['kill' , process_id])
  time.sleep(1)
  print("Prozess beendet")
```

→ Schauen, ob Prozess aktiv, wenn nein, nichts weiter tun.

```
else:
  print("Kein Prozess gefunden")
```

→ Ende der Prozessabfrage.

Die Datei kill_pulseio_process.py wird im gleichen Ordner wie das nun folgende Hauptprogramm gespeichert.

### 18.4.7 Das Messprogramm – Temperaturstabilität

Nun wieder zur zurück zum Messprogramm, wie gewohnt mit den Kommentaren dazu.

```
# **********************************************************
# Pythonprogramm zur messtechnischen Ermittlung der Tempera-
# turstabilität eines Schaltreglermoduls mit dem LM2596
# **********************************************************
```

→ Alle notwendigen Importe

```
import adafruit_dht
import board
import time
import subprocess
import pyvisa
```

```
import matplotlib.pyplot as plt
from pulseio import PulseIn
```

→ Hier wird die o. g. neue externe Funktion importiert

```
from kill_pulseio_process import kill_pulseio
from gpiozero import LED, Button
```

→ Geräte initialisieren

```
rm = pyvisa.ResourceManager()
hmc8012 = rm.open_resource('TCPIP::192.168.178.112::INSTR')
hmp2030 = rm.open_resource("TCPIP::192.168.178.99::5025::SO-
  CKET", read_termination = '\n', write_termination = '\n',
  timeout = 5000 )
hmo1024 = rm.open_resource('ASRL/dev/ttyUSB0::INSTR')
```

→ Relais vorbereiten.

```
k_26 = LED(26) # Umschalten PT100 - Spannung
k_16 = LED(16) # EN vom LM2596
k_26.off()
k_16.off()
```

→ Funktion zum Beenden des „Pulseio"-Prozesses aufrufen. Prozess wird dann ggf. beendet.

```
kill_pulseio()
```

→ Listen für die Messwerte erstellen.

```
tmp_dht11 = list()
tmp_pt100 = list()
ua = list()
timestep = list()
```

→ DMM auf DC Spannung einstellen.

```
hmc8012.write('CONFigure:VOLTage:DC 40V')

print("Netzgeraet auf 20V und 3A einstellen und einschalten")
hmp2030.write('INSTrument:SELect OUT1')
hmp2030.write(f'SOURCe:VOLTage 20V')
hmp2030.write(f'SOURCe:CURRent 3A')
hmp2030.write('OUTPut:STATe ON')
```

→ Oszilloskop einstellen, Zeitbasis, V/DIV, Position und Triggereinstellungen.

```
hmo1024.write('*RST')
hmo1024.write('TIMEbase:SCALe 5us') # Zeitbasis
```

```
hmo1024.write('CHANnel1:STAte on')  # Kanal einschalten
hmo1024.write('CHANnel1:SCALe 5') # auf 0,5V/DIV einstellen
hmo1024.write('CHANnel1:POSItion -2') # Positionieren
hmo1024.write('TRIGger:A:MODE AUTO') # Triggermode auto
hmo1024.write('TRIGger:A:LEVEl1:VALUe 0.5') # 0,5V Level
hmo1024.write('TRIGger:A:EDGE:SLOPe POSItive') # pos
hmo1024.write('MEASurement1:MAIN FREQuency')
time.sleep(1)
```

→ DHT11 Pin definieren und initialisieren.

```
pin = board.D22
dht_device = adafruit_dht.DHT11(pin, use_pulseio=True)
```

→ Hier beginnt jetzt die Messung, zunächst die Frequenz vor der Messreihe messen.

```
f_start = float(hmo1024.query('MEASurement1:RESUlt?'))
print("Anfangsfrequenz:")
print ('%.1f' %(f_start / 1000), "kHz")
```

→ Nun die Messreihe starten.

```
for i in range (15): # (15) bedeutet (0,15), also 0 bis 14
```

→ Regler einschalten.

```
  k_16.on()
```

→ Temperatur abfragen DHT11.

```
  dht11 = dht_device.temperature
```

→ DMM einstellen und $U_A$ messen.

```
  hmc8012.write('CONFigure:VOLTage:DC 40V')
  time.sleep(1)
  u = float(hmc8012.query('MEASure:VOLTage:DC? 40V'))
  time.sleep(1)
```

→ DMM einstellen und Temperatur messen.

```
  hmc8012.write('CONFigure:TEMPerature RTD, PT100')
```

→ Umstellen auf PT100. Die query-Abfrage ist hier in verkürzter Form dargestellt.

```
  k_26.on()
  time.sleep(1)
  pt100 = float(hmc8012.query('MEAS:TEMP? RTD, PT100'))
  time.sleep(1)
  k_26.off()
```

→ Ausgabe der Messwerte.

```
  print (f"Temperatur DHT11: {dht11} °C")
```

```
print (f"Temperatur PT100: {pt100} °C")
print (f"Ausgangsspannung: {u} V")
```

→ Wert in Listen eintragen und ausgeben (print-Anweisung nur, falls es Probleme gibt).

```
tmp_dht11.append(dht11)
tmp_pt100.append(pt100)
ua.append(u)
timestep.append(i)
print(tmp_dht11)
print(tmp_pt100)
print(ua)
```

→ Nach einer Minute neu starten. 15 Durchläufe (= 15 min).

```
time.sleep(60)
```

→ Nochmal am Ende die Frequenz messen

```
hmo1024.write('MEASurement1:MAIN FREQuency')
time.sleep(1)
f_end = float(hmo1024.query('MEASurement1:RESUlt?'))
print("Endfrequenz:")
print ('%.1f' %(f_end / 1000), "kHz")
```

→ Netzgerät ausschalten.

```
hmp2030.write('OUTPut:STATe OFF')
```

→ Plot vorbereiten. Hier gibt es die Besonderheit, dass unterschiedliche Y- Skalen verwendet werden müssen. Eine für die Temperatur und eine für die Ausgangsspannung. Mit *ax1 = ax.twin()* wird das erreicht.

```
fig, ax = plt.subplots()

ax.plot(timestep,    tmp_dht11,color='red',label='Temp,Spei-
  cherdrossel')
ax.plot(timestep,tmp_pt100,color='blue',label='Temp.
  LM2596')
ax.set_xlabel('Zeit')
ax.set_ylabel('Temperatur')
ax.set_title('Temperaturstabilität des LM2596')

ax1 = ax.twinx()
ax1.plot(timestep, ua, color='green',label='Ausgangsspannung')
ax1.set_ylabel('Ausgangsspannung in V')
ax1.tick_params(axis='y', labelcolor='green')
```

```
fig.legend()
plt.show()
```

### 18.4.8 Messergebnisse und Résumé

Die Grafik zeigt das Ergebnis der Messung. Seltsam scheint die abgeflachte Kurve ab der 8. Minute bei ca. 60° C beim DHT11. Schaut man genau auf den Aufdruck des DHT11, dann sieht man, dass dieser nur bis 50° C vorgesehen ist. Für diese Messung ist dieser Sensor also ungeeignet. Das Absinken in der ersten Minute auf Raumtemperatur scheint ein Messfehler des DHT11 zu sein. Allerdings gab es bei den Versuchen immer wieder Probleme mit dem DHT11, so z. B. ein Abbruch des Programms mit einer Fehlermeldung oder die Ausgabe von offensichtlich falschen Messwerten.

Ergebnis im Terminalfenster:

```
>>> %Run -c $EDITOR_CONTENT
Anfangsfrequenz:
28.1 kHz
Endfrequenz:
68.4 kHz
```

Wichtig ist die Erkenntnis, dass sich der LM2596 bei einer Last von 12,5 W am Ausgang (5 V bei 2,5 A) innerhalb von 15 min auf 90 °C aufheizt. Ein Kühlkörper wäre in diesem Fall besser als die Kühlfläche, die die Leiterplatte bietet (Abb. 18.10).

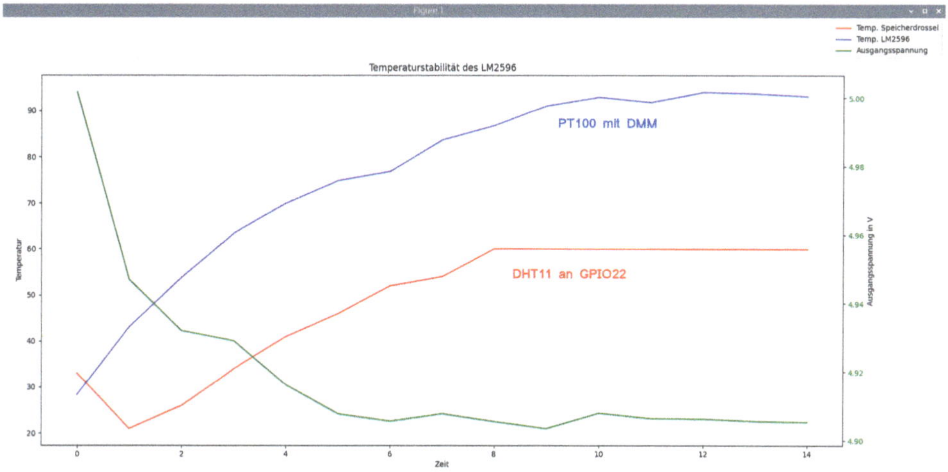


**Abb. 18.10** Darstellung der Temperaturen und der Ausgangsspannung

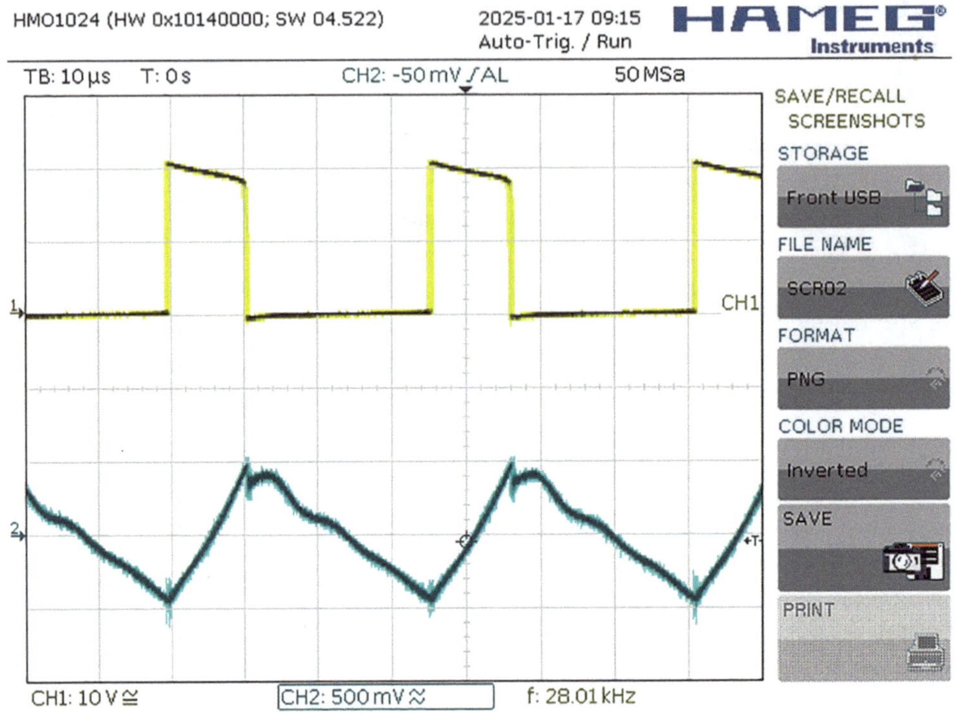


**Abb. 18.11** Taktfrequenz und Restwelligkeit

Gut zu erkennen ist auch der Spannungsabfall von 5,0 V (grüne Kurve) auf ca. 4,9 V am Ausgang des Spannungsreglers. Die wichtigste Erkenntnis ist jedoch die Messung der Taktfrequenz des LM2596. Laut Datenblatt (in diesem Fall von TI / National Semiconductors) soll der Regler mit einer festen Frequenz von 150 kHz getaktet sein. Da dies hier aber nicht gegeben ist, sondern am Anfang diese um die 30 kHz lag, kann es sich nur um einen Nachbau (Fake) handeln. Die Taktfrequenz liegt sogar unter der des Vorgängers LM2576 (52 kHz). Dies erklärt dann auch die extrem schlechten Messergebnisse. Bei dieser niedrigen Schaltfrequenz müsste die Speicherdrossel als auch der Ausgangselko auf jeden Fall vergrößert werden (L: 150 µH, $C_{OUT}$: 1000 µF, Low ESR). Die Restwelligkeit der Ausgangsspannung, die ich mit dem Oszilloskop aufgenommen habe, ist mit 1 $V_{PP}$ bei dieser Last viel zu hoch, ist aber bedingt durch die zur Taktfrequenz falsch ausgewählten Bauteile.

Der Screenshot zeigt das Taktsignal an Pin 2 (gelb) und darunter die Ausgangsspannung mit der erwähnten Restwelligkeit (Abb. 18.11).

### 18.4.9 18.4.9 Signalformen mittels matplotlib darstellen

Als Ergänzung des Programms kann man die Kurvenform des Taktsignals auch mit matplotlib realisieren. Die Änderungen bzw. Zusätze sind im Folgenden zu sehen. Alle anderen Importe und Befehle bleiben bestehen.

→ zusätzlich numpy importieren.

```
import numpy as np
```

→ Die Daten werden nun abgerufen. Wichtig dabei ist die Angabe des Kanals, woher die Daten abgerufen werden sollen.

```
data = hmo1024.query('CHANnel1:DATA?')
```

→ Das Oszilloskop liefert die Daten im ASCII-Format, jeweils mit Kommata getrennt. Diese müssen nun mittels numpy Array entfernt werden. In *messpunkte* werden nun die einzelnen Werte abgelegt.

```
messpunkte = np.array([float(i) for i in data.split(',')])
```

→ Nun ist es wichtig herauszufinden, wie hoch die Abtastrate ist. Wenn man die Messung durchführt, ist oben links im Bildschirm des Oszilloskops die Abtastrate angegeben. Diese ist in diesem Fall 50 Megasamples pro Sekunde (50 MS/s). Siehe Screenshot oben. Wird die Abtastrate falsch angegeben, so stimmt die Zeitachse auf dem Plot nicht. Die Abtastrate kann mit folgendem SCPI-Kommando abgefragt werden:

```
abtastrate = float(hmo1024.query('ACQuire:SRATe?'))
```

→ linspace gibt nun von 0 bis zur Länge der Messpunkte (*len(messpunkte)*) in Abhängigkeit der Abtastrate (*samplerate*) gleichmäßig verteilte Werte (hier die Zeit) über ein angegebenes Intervall zurück.

```
time = np.linspace(0, len(messpunkte) / abtastrate,
  len(messpunkte))
```

→ Nun erfolgt der Plot.

```
plt.plot(time, messpunkte)
plt.title("Taktsignal am LM2596")
plt.xlabel("Zeit (s)")
plt.ylabel("Spannung (V)")
plt.grid(True)
plt.show()
```

Unten sieht man nun das Ergebnis des Plots, so wie man es erwartet hat. Die Periodendauer beträgt hier ca. 35µs, was einer Tankfrequenz von 28kHz entspricht. Würde man den LM2596 gegen eine Originalschaltregler von TI ersetzen, wären die Messergebnisse ganz sicher anders (Abb. 18.12).

Alles in allem war der Aufbau, trotz des geringen Schaltungsaufwand mit zwei Relais, doch sehr aufwendig. Der DHT11 war allerdings nicht ausreichend für die Temperaturmessungen. Hier könnte man dann entweder einen weiteren PT100 oder z. B. einen DHT22, DS18B20 o.ä. Temperatursensor einsetzen. Die hier dargestellten Grafiken und Messwerte sind modulabhängig, d. h. bei einem anderen Schaltregler wird man andere Messwerte erhalten.

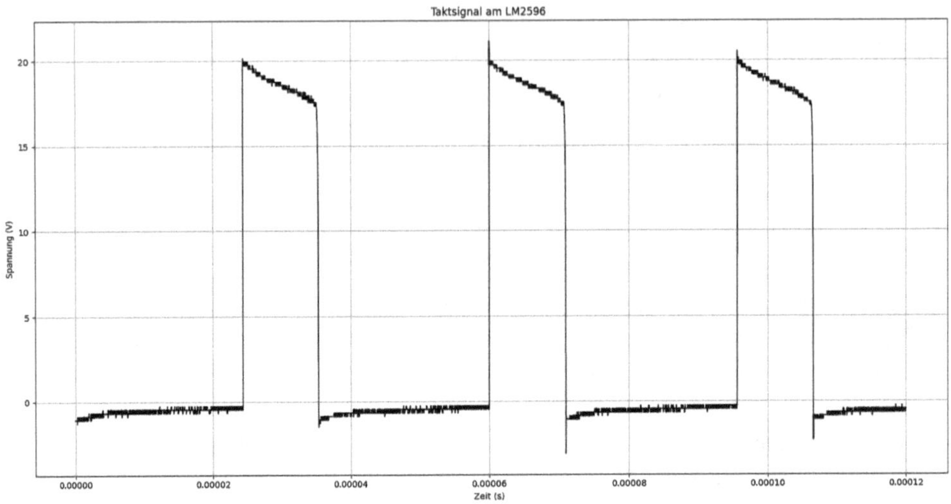


**Abb. 18.12** PWM-Signal mittels matplotlib erzeugt

Versuchen Sie diesen Aufbau mit anderen Schaltreglermodulen. Welche Messung ist dafür besonders wichtig? Achten Sie dabei auf die Bauteileauswahl.

# Projekt: Mikrocontroller Attiny85 flashen und überprüfen

# 19

In diesem Beispielprojekt, ein mit DIP-Schaltern oder Jumpern einstellbares PWM-Signal, soll ein Mikrocontroller vom Typ Attiny85 mittels eines Programmieradapters per Pythonprogramm geflasht und anschließend mittels Messgeräten überprüft werden. Zur Realisierung dieses Projekts gibt es viele Dinge, die vorbereitet werden müssen, sodass dies eine sehr anspruchsvolle und zeitaufwendige Aufgabe darstellt. Hier zunächst eine Übersicht, weitere Details folgen anschließend.

## 19.1 Notwendige Vorbereitungen – avrdude, usbasp, geany

1) Auf dem RPi wird zunächst das Tool avrdude (und andere) installiert. Avrdude ist die Software, mit der man einen Microchip-Mikrocontroller der AVR-Reihe (ehemals Atmel) flashen kann. Ursprünglich als Terminalprogramm entwickelt, ist es u. a. auch die Basis zum Flashen des Mikrocontrollers auf einem Arduino (Atmega328 u. a.). Mit verschiedenen Argumenten versehen, kann man auch die sogenannten Fusebits dieser Controller einstellen oder aber auch das EERPOM beschreiben.
2) Ein Programmieradapter (Programmer) ist notwendig. Dieser stellt die Schnittstelle zwischen dem Mikrocontroller (SPI) und dem am RPi (USB) dar. Es kann z. B. ein usbasp, ein avrispmkII oder anderer verfügbarer Programmer eingesetzt werden. In diesem Fall wird ein usbasp verwendet, dieser ist von Thomas Fischl (https://www.fischl.de/usbasp/) als Open Source-Projekt entwickelt worden. Es gibt diverse Nachbauten für wenig Geld, oder man baut sich diesen Programmer selbst.
3) Es muss ein Programm für den Attiny85 geschrieben und kompiliert werden. Hierfür gibt es viele Möglichkeiten. Man kann auf einem Windows-PC z. B. die IDE von



B. Redemann, *Automatisiertes Messen mit steuerbaren Geräten und dem Raspberry Pi 5*, https://doi.org/10.1007/978-3-658-52314-5_19

Microchip (MPLAB), winaver (freie Software) oder aber auch die Arduino IDE (Mehraufwand für Attiny-Reihe) verwenden.

4) Um den Aufwand in Grenzen zu halten, habe ich selbst die „kleine und schnelle Entwicklungsumgebung“ geany auf dem RPi eingesetzt. Dieses Tool ist auch bereits vorinstalliert. Nach dem Kompilieren wird eine .hex-Datei erzeugt, die dann verwendet wird.
5) Der Hardwareaufbau ist sicher nicht so aufwendig wie der obige Aufbau mit dem Schaltregler. Dennoch sollte der Aufbau sorgfältig und strukturiert gestaltet werden. Verwendung findet ein Oszilloskop für die Frequenz- und Pulsbreitenmessung und ein Multimeter, welches dann zwischen Strom- und Spannungsmessung umgeschaltet werden muss. Auf der nächsten Seite sieht man den Aufbau.

## 19.2 Übersicht des Aufbaus

Das Bild zeigt den Schaltplan mit dem usbasp, dem Attiny85, dem DIP-Schalter und den angeschlossenen Messgeräten im Detail. Weiter unten (Seite 107) ist der reale Aufbau zu sehen (Abb. 19.1):

Der usbasp wird über USB an den RPi angeschlossen. Auf der rechten Seite wird der Attiny85 mittels SPI (Signale Reset, MISO, MOSI, SCK) direkt mit dem usbasp verbunden. Über K16 wird die Spannungsversorgung für den Attiny85 eingeschaltet. Die Messung der Stromaufnahme erfolgt in der Schaltung ebenso wie die Spannungsmessung (5 V) mit dem DMM. So wird hier kein Umschaltrelais benötigt, allerdings wird dadurch die Polarität der Spannung falsch gemessen. Wie im Aufbau mit dem Schaltregler muss dann also der Absolutwert der Spannung zur Auswertung verwendet werden.

Die Schaltung für den Attiny85 gestaltet sich sehr einfach. Die Jumper realisieren einen einstellbaren Spannungsteiler, dessen Ausgangsspannung an PB2 (ADC) des Attiny85 mittels AD-Wandler ausgewertet wird. Diese Spannung legt dann die Pulsbreite des PWM-

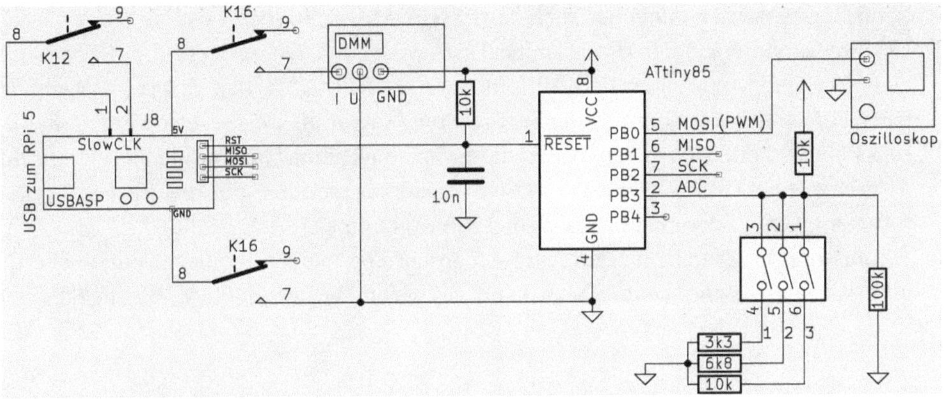


**Abb. 19.1** Aufbau mit usbasp und Mikrocontroller

Signals fest. Gemessen werden neben der USB-Spannung und der Stromaufnahme der Schaltung die PWM-Frequenz und das Puls- Pausenverhältnis.

Das Programm könnte in zwei Versionen erstellt werden, in der ersten Version werden alle Jumper offen gelassen und mittels Relais werden die Kontakte nacheinander geschlossen. Dann werden jeweils die o. g. Parameter gemessen. Bei einer zweiten Version soll der Anwender die Jumper jeweils einsetzen und dies bestätigen, dann wird das Programm fortgesetzt und die Werte ermittelt. Beide Versionen messen zwar dann (hoffentlich) die gleichen Werte, allerdings wird bei der ersten Version die Funktionsfähigkeit der Jumper nicht überprüft.

Ist der Aufbau erfolgt, so kann man sich an die Installation verschiedener Softwarekomponenten machen und mit dem Schreiben des Controller- und Pythonprogramms starten.

## 19.3 avrdude & Co. installieren

Die Installation von avrdude, gcc-avr etc. auf dem RPi erfolgt über das Terminal, nicht über die Auswahl Add / Remove Software. Es wird ein Terminal geöffnet (oben in der Leiste), und dann werden die notwendigen Tools mit folgendem Befehl installiert:

**gpib@raspberrypi:~ $ sudo apt-get install avrdude gcc-avr avr-libc make**

Nun wird überprüft, in welchem Pfad sich avrdude befindet.

```
gpib@raspberrypi:~ $ which avrdude
/usr/bin/avrdude
gpib@raspberrypi:~ $
```

Bei dieser Abfrage wird sichergestellt, dass auch der Pfad zu avrdude gesetzt ist. Nun kann man avrdude einfach testweise starten:

```
gpib@raspberrypi:~ $ avrdude
Usage: avrdude [options]
Options:
```

Es werden sämtlich Optionen dargestellt. Wichtig beim Flashen des Controllers ist die Angabe des Programmers, ggf. des Ports, des Controllertyps und welche Datei oder Fusebits beim Controller geflasht bzw. eingestellt werden sollen.

Auch den Compiler kann man einfach mal starten, und zwar mit:

```
gpib@raspberrypi:~ $ avr-gcc
avr-gcc: fatal error: no input files
compilation terminated.
```

| | |
|---|---|
| **-p <partno>** | **Specify AVR device** |
| **-p <wildcard>/<flags>** | **Run developer options for ...** |
| **-b <baudrate>** | **Override RS-232 baud rate** |
| **-B <bitclock>** | **Specify bit clock period (us)** |
| **-C <config-file>** | **Specify location of ...** |
| **-c <programmer>** | **Specify programmer type** |
| | **usw.** |

Da keine Dateien angegeben wurden, die kompiliert werden können, kommt es zu dieser Fehlermeldung. Aber generell funktioniert der Aufruf avr-gcc. Noch ein kleiner Hinweis: während das Softwarepaket gcc-avr heißt (sudo apt-get install *gcc-avr...*), ist der Aufruf des Compilers *avr-gcc*.

## 19.4 Programmieradapter (usbasp, avrisp2) & Python

Nun kann ein kleines Pythonprogramm geschrieben werden um festzustellen, ob man über Python avrdude aufrufen kann. Dies besteht nur aus zwei Zeilen. Voraussetzung ist jedoch, dass am USB-Port des RPi ein Programmieradapter angeschlossen ist. Der zuvor erwähnte usbasp kommt hier zum Einsatz. Da es sich bei avrdude um eine externes Terminalprogramm handelt, muss man in Python zunächst das Modul subprocess importieren:

```
import subprocess
```

Dieses Modul ermöglicht es, Prozesse zu starten und auf deren Ein- Ausgabe- und Fehlerkanäle (Pipes) zuzugreifen. Das Subprocess-Modul ersetzt mehrere ältere Module wie z. B. os.system. Als nächstes wird mit der Funktion run() das externe Programm avrdude gestartet. Wichtig dabei ist die Schreibweise der Argumente, die jeweils in Hochkomma eingebunden und mit Komma getrennt geschrieben werden müssen:

```
subprocess.run(['avrdude','-c','usbasp'])
```

Das Ergebnis kann man im folgenden Bild erkennen (Abb. 19.2 und 19.3).

Linkes Bild: Da die Angabe des Controllers fehlt, kommt es zu dieser Fehlermeldung. Außerdem werden gültige Controllernamen angezeigt, wenn man z. B. einen falschen Namen eingegeben hat. Beim usbasp ist keine Portangabe notwendig, bei anderen Programmern müsste dann auch der Portname mit "-P /dev/ttyUSB0" o.ä. stehen. Man kann

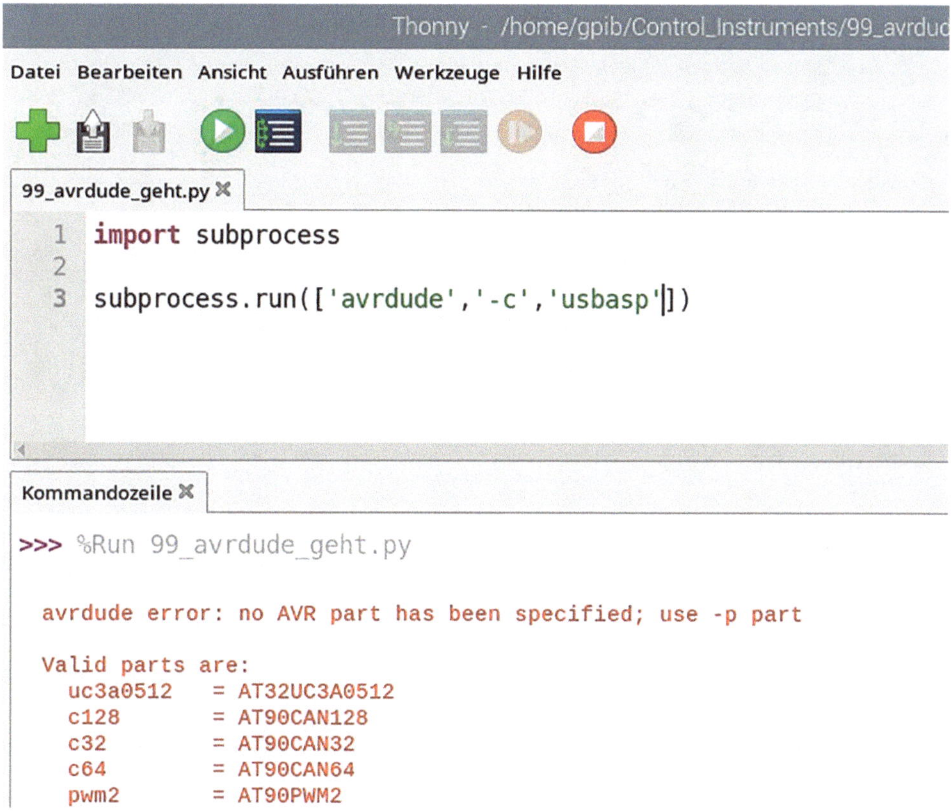


**Abb. 19.2** Test mit avrdude

im Terminal das Kommando lsusb verwenden und sehen, welcher USB-Port dann von dem Programmer verwendet wird. Auf dem rechten Bild erkennt man, dass dort beispielhaft der Programmer avrisp2 und der Atmega32 angeschlossen ist. Die Befehlszeile lautet hier:

```
subprocess.run(['avrdude','-c','avrisp2','-c','m32'])
```

Werden alle Befehle, so wie oben angegeben, erfolgreich ausgeführt, ist eine große Hürde schon überwunden und es geht nun um die Erstellung eines einfachen Testprogramms für den Attiny85.

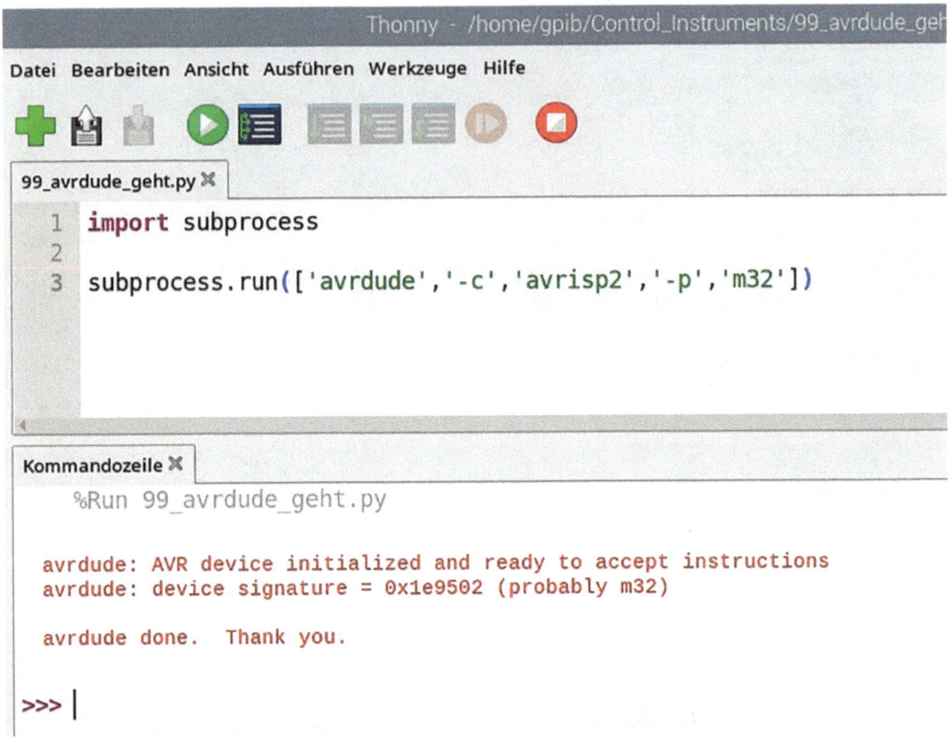


**Abb. 19.3** Test mit avrdude und Atmega32

## 19.5 Mikrocontrollerprogramm mit geany

Dieser Punkt ist ein Ausflug in das Thema Mikrocontroller und leider etwas aufwendig. Wenn man bereits eine .hex-Datei eines Projekts verwenden möchte, kann man diesen Punkt überspringen, muss aber später die avrdude-Argumente im Pythonprogramm ggf. anpassen.

Der RPi bietet sich an, solch ein Programm für den Attiny85 mit dem Tool „geany", welches ebenfalls vorinstalliert ist, zu schreiben. Man benötigt also keine andere, komplizierte IDE oder einen separaten PC (Hinweis weiter unten). Allerdings sind in geany einige Ergänzungen notwendig. Man startet geany und erstellt ein neues Projekt (Abb. 19.4):

In meinem Fall habe ich das Projekt t85_pwm genannt und ein Unterverzeichnis namens t85_projekt im Verzeichnis Control_Instruments erstellt. Dort wird die Datei mit dem Namen t85_pwm dann erzeugt. Als nächstes müssen der Compiler und dessen Parameter eingestellt werden. Dazu trägt man unter „Einstellungen" und ganz unten dann „Kommandos zum Erstellen konfigurieren" in der ersten Zeile dann folgendes ein (unter Label und Kommando):

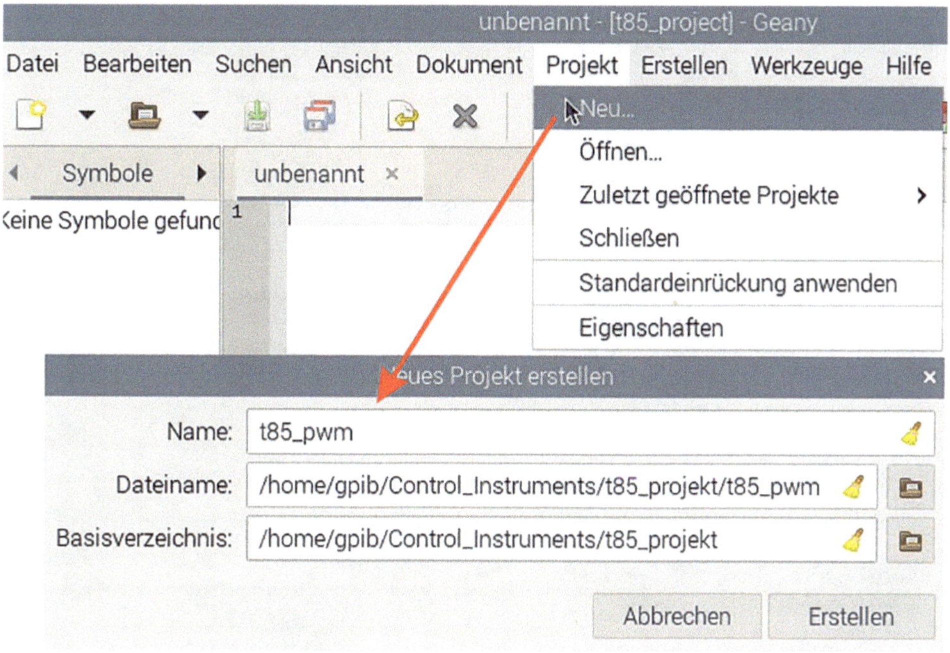


**Abb. 19.4** Vorbereitungen in Geany

*Label Kommando*

Build avr-gcc -mmcu=attiny85 -Os -o "%e.elf" "%f" && avr-objcopy -O - %e.elf" ihex "%e.hex"

Das Build-Kommando setzt sich wie folgt zusammen:

- *mmcu=attiny85*: Legt den Controllertyp mit all seinen Eigenschaften fest. Dazu gehören neben der Flashgröße z. B. auch die Registerbezeichnung. Würde man im unteren Beispiel etwa **TIMSK0** anstelle von **TIMSK** schreiben, kommt es zu einer Fehlermeldung.
- *Os*: Sagt dem Compiler, dass er den Code optimieren soll, um Speicherplatz zu sparen (Optimize for size)
- *o "%e.elf"*: Die Ausgabedatei vom Compiler endet mit. elf, %e ist dabei der Platzhalter des Namens. Es wird also eine Datei main.elf erzeugt.
- *"%f"*: Platzhalter für den Dateinamen (hier main.c). Dieser wird im o. g. Verzeichnis erzeugt
- *avr-objcopy*: Konvertiert die main.elf Datei in ein für den Attiny85 nutzbares Format
- *O ihex*: Die Ausgabedatei wird als ihex, also Intel Hexdatei erstellt. Dieses Dateiformat ist ein Standard für Mikrocontroller.
- *"%e.hex"*: Die Ausgabedatei wird als main.hex gespeichert. Damit wird der Controller später mittels avrdude aus dem Pythonprogramm geflasht (Abb. 19.5).

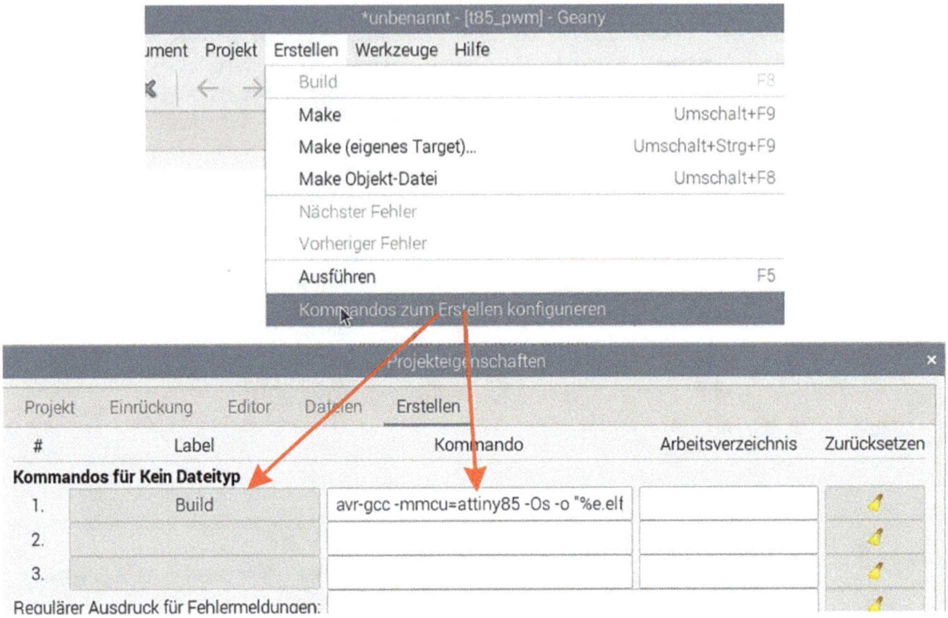


**Abb. 19.5** Die Eintragungen in Geany

## 19.5.1 Das Mikrocontrollerprogramm mit Erklärungen

Ist die Konfiguration in geany erfolgt, bestätigt man mit ok und kann nun das folgende Programm in den Editor eingeben.

→ Kommentar, was das Programm macht und welche Pinbelegung benutzt wird

```
/**********************************************************
Beispielprogramm für einen Attiny85 / PWM Signal in Ab-
  hängigkeit
von Jumpern. Pinbelegung des t85:
1 PB5 Reset +5V (Pull-Up 10k)
2 PB3 frei
3 PB4 Jumper 3 fach (Spannungsteiler, AD Wandler)
4 GND
5 PB0 - MOSI (OC0A) -> PWM
6 PB1 - MISO
7 PB2 - SCK
8 VCC
**********************************************************/
```

→ Bibliotheken, die für das Programm benötigt werden um die I/Os anzusteuern und Interrupts zu nutzen

```
#include
#include
```

→ Variable für den ADC Wert

```
int adc_value;
```

→ Es wird der Timer0 des Attiny85 verwendet. Dies ist ein 8-Bit Timer, der also von 0 bis 255 zählt. Nach der erreichten 255 wird ein Interrupt, also eine Unterbrechung des Hauptprogramms ausgelöst (TIMSK) und die Interrupt Service Routine (ISR) ausgeführt. Der Timer0 wird so eingestellt, das ein PWM Signal an Pin PB0 in Abhängigkeit des OCR0A Registers erzeugt wird (TCCR0A). Das Register OCR0A kann dann z. B. durch einen Wert vom AD-Wandler verstellt werden, sodass das PWM Signal, sprich die Pulsbreite, sich ändert. Es gibt keinen weiteren Teiler (TCCR0B Register), sodass eine PWM- Frequenz von 8MHz / 255 = 31,137 kHz erzeugt wird.

```
void timer0_init(void){
  TIMSK = (1 << TOIE0); // Einschalten timer0 Interrupt Overflow
  TCCR0A = (1 << COM0A1) | (1 << WGM00) | (1 << WGM01); //
  PWM mode
  TCCR0B = (1 << CS00); // Kein Prescaler, 8 MHz / 255 =
  31,3 kHz
}
```

→ Die Interrupt Service Routine für den Timer0 startet die Messung vom ADC2 (ADCSRA), also wird hier der Pin PB4 verwendet. Es wird gewartet, bis die Wandlung abgeschlossen ist. Der AD-Wandler ist ein 10 Bit Wandler (0...1023), das OCR0A Register jedoch ein 8 Bit Register. Daher wird der gewandelte Wert durch 4 geteilt.

```
ISR (TIM0_OVF_vect){
  ADCSRA |= (1 << ADSC); // Messung ADC2 starten
  while (ADCSRA & (1 << ADSC)); // Warten bis Wandlung fertig
  adc_value = ADC / 4; // 0...255 // Wert durch 4 teilen
  OCR0A = adc_value; // OCR0A Register setzen. PWM Sig-
  nal an PB0
}
```

→ Nun wird der AD-Wandler ausgewählt (ADC2, PinPB3) und aktiviert.

```
// AD-Wandler auswählen und einschalten
void adc_init(void) {
ADMUX = (1 << MUX1) | (0 << MUX0); // ADC2 Pin3 gewählt
ADCSRA = (1 << ADEN); // ADC2 einschalten
}
```

→ Hier startet nun die Hauptfunktion main(), die Ein- und Ausgänge werden definiert, anschließend der Timer und der AD-Wandler initialisiert.

```
int main(void){
```

```
DDRB = 0xEF; // PB4 Eingang, Rest Ausgang
PORTB =0x00; // Alle Pins ausschalten

timer0_init(); // Timer initialisieren
adc_init(); // AD-Wandler initialisieren
```

→ Die Interrupts müssen freigegeben werden, sonst würde das Programm ins Leere laufen. Die *while(1)*-Schleife ist leer, da alles über die Interrupts abgewickelt wird.

```
sei(); // Interrupts einschalten

  while(1){
  // Alles läuft in der Interrupt Service Routine...
  }

return 0;
}
```

Anschließend geht man in Einstellungen auf „*Erstellen - Build*" und erstellt damit die.hex-Datei. Wenn alles geklappt hat, sollte das Ergebnis wie folgt aussehen (Abb. 19.6):

Die Kompilierung wurde erfolgreich beendet, die.hex-Datei und andere wurden erzeugt. Wechselt man nun in das erstellte t85_pwm-Verzeichnis, so sind dort vier Dateien vorhanden: main.c, main.elf, main.hex und auch die t85_pwm-Projektdatei.

Vielleicht wundert man sich, warum es hier kein *Makefile* gibt, in dem bestimmte Einstellungen stehen. Da dies nur ein sehr einfaches Beispiel mit einer Datei (main.c) ist, kann man dieses Verfahren so anwenden. Ich möchte es so einfach wie möglich halten, um nun wieder zum Thema zurück zu kommen.

### 19.5.2 Hinweis

Selbstverständlich steht es jedem frei, ein anderes Programm / Compiler oder auch anderen Mikrocontroller verwenden. Für die Microchip / AVR-Reihe könnte man auch die *Arduino-IDE* einsetzen, allerdings sind dann auch weitere Vorbereitungen für den At-

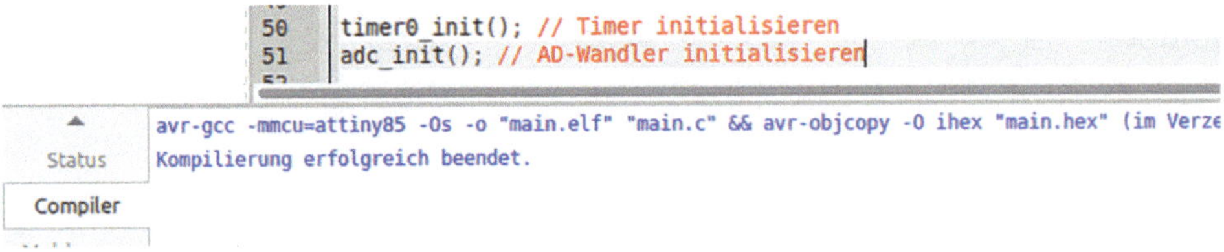


**Abb. 19.6** Ergebnis der Kompilierung

tiny85 zu treffen. Oder man verwendet auf einem Windows-PC *winavr*, ein älteres, aber sehr einfaches Tool, ähnlich geany. Hierfür sind aber Kenntnisse bzgl. des Makefiles notwendig. Auch die von Microchip angebotene IDE MPLAB kann man einsetzen, was ggf. mehr Einarbeitung bedeutet. Auf alle drei werde ich hier aber nicht weiter eingehen.

### 19.5.3 Manuelle Überprüfung des Aufbaus

Zunächst einmal sollte es auch hier eine manuelle Überprüfung der Funktionalität geben. Dazu wechselt man wieder in die IDE Thonny und gibt das avrdude-Kommando nun vollständig ein:

```
import subprocess
subprocess.run(['avrdude','-c','usbasp','-p','t85','-
  U','flash:w: t85_projekt/main.hex:i'])
```

Nach dem Flashen des Attiny85 wird an Pin 5 (und GND) ein Oszilloskop angeschlossen um zu sehen, ob das PWM Signal erzeugt wird. Ist dies nicht der Fall, so ist sowohl die Software also auch der Hardwareaufbau zu überprüfen. Hier mein Aufbau auf einer Lochrasterplatine und dem usbasp Programmieradapter (Selbstbau) (Abb. 19.7).

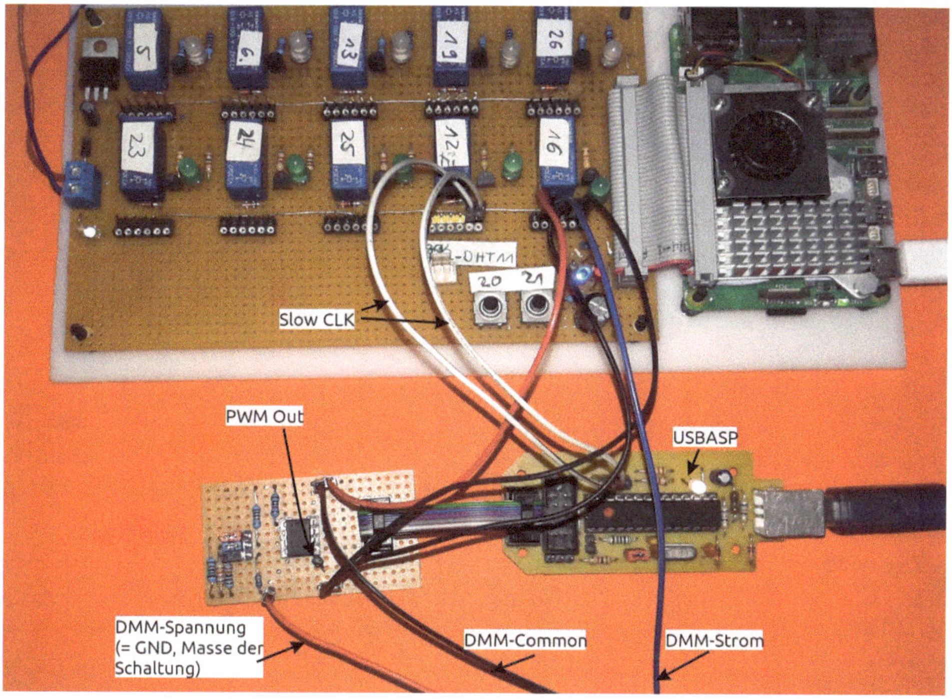


**Abb. 19.7** Praktischer Aufbau

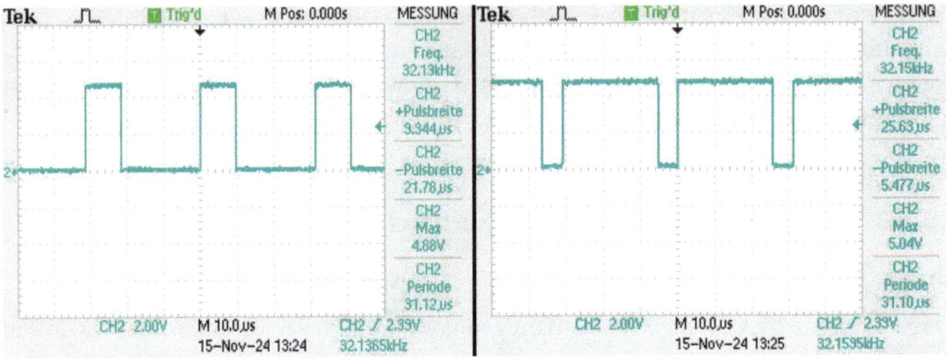


**Abb. 19.8** Signale bei unterschiedlicher Jumperstellung

Das Ergebnis der Vorabmessungen an Pin 5 des Attiny85 mit dem Oszilloskop sieht man in des Screenshots unten. Verwendet habe ich hier ein älteres Tektronix Oszilloskop TDS2012B, welches (leider) nicht steuerbar ist (Abb. 19.8):

Beim linken Signal sind alle Jumper geschlossen, beim rechten alle offen. Die PWM-Frequenz beträgt 32,136 kHz. Die Ungenauigkeit zum Programm (31,137 kHz bei 8 MHz Takt für den Attiny85) ist der Ungenauigkeit des internen Taktsignals, welche bei ±10% (7,2 MHz bis 8,8 MHz) liegt, geschuldet. Bei 7,2 MHz und einem 8-Bit Timer wäre die Frequenz 7,2MHz ÷ 255 = 28,235 kHz und bei 8,8 MHz dann 34,509 kHz. Dies wäre also auch eine erste Abfrage im Pythonprogramm, ob die Signalfrequenz innerhalb einer angegebenen Toleranz liegt. Bei notwendigen, exakten Taktsignalen ist also immer ein externen Quarz oder Resonator notwendig. Bei den unterschiedlichen Jumpereinstellungen wird also ein unterschiedliches Puls-Pausenverhältnis erzeugt, welches nun durch automatisiertes Messen analysiert werden soll.

Damit ist nun auch diese Hürde genommen und man kann sich nun auf das Schreiben des Pythonprogramms zum Flashen und Nachmessen des Attiny85 konzentrieren. Doch zunächst kann das Programm im Flashspeicher des Attiny85 gelöscht werden:

```
subprocess.run(['avrdude','-c','usbasp','-p','t85','-e'])
```

*Programmablauf*

Wenn man die obige Vorgehensweise einhält wird man ggf. feststellen, dass die Frequenzangabe nicht stimmt. Dies hat mit dem Setzen der Fusebits zu tun, denn im Originalzustand sind die Fusebits des Attiny85 so eingestellt, dass der interne 8 MHz Takt nochmal durch 8 geteilt wird. Mit 1 MHz kann der Attiny85 jedoch nicht im „fast Mode" geflasht werden, dazu muss man am usbasp einen Jumper „Slow SCK" setzen. Um dies zu ändern und den Controller schneller flashen zu können und somit das PWM-Signal zu erhalten, sind zwei Dinge notwendig:

1) Fusebits so setzen, sodass der T85 mit 8 MHz ohne Teiler eingestellt wird. Dazu kann man unter https://www.engbedded.com/fusecalc/ die Einstellungen herausfinden. Bei

„Divide clock by 8…“ den Haken entfernen [1]. Dann unten weiter die avrdude Argumente kopieren [2]. In Python geschrieben sieht dies dann so aus (in einer Zeile zu sehen):

```
subprocess.run(['avrdude','-c','usbasp','-p','t85','-U',`lfu-
  se:w: 0xe2:m','-U','hfuse:w:0xdf:m','-U','efuse:w:0xff:m'])
```

*Aber Achtung! Ein Tippfehler kann dazu führen, dass sich der Controller nicht mehr per ISP ansprechen lässt! Daher ist hier äußerst gewissenhaft vorzugehen. Am besten man kopiert sich von engbedded.com die avrdude Argumente. Sollte der Controller nicht ansprechbar sein, so ist ein HV-Programmer notwendig, um die Fusebits in den Originalzustand zu versetzen*

2) Nach dem Setzen der Fusebits kann der Controller nun im „fast Mode“ geflasht werden, dazu muss aber der Jumper „Slow SCK“ vom usbasp entfernt werden. Also kann hier wieder ein Relais eingesetzt und entsprechend geschaltet werden (Abb. 19.9).

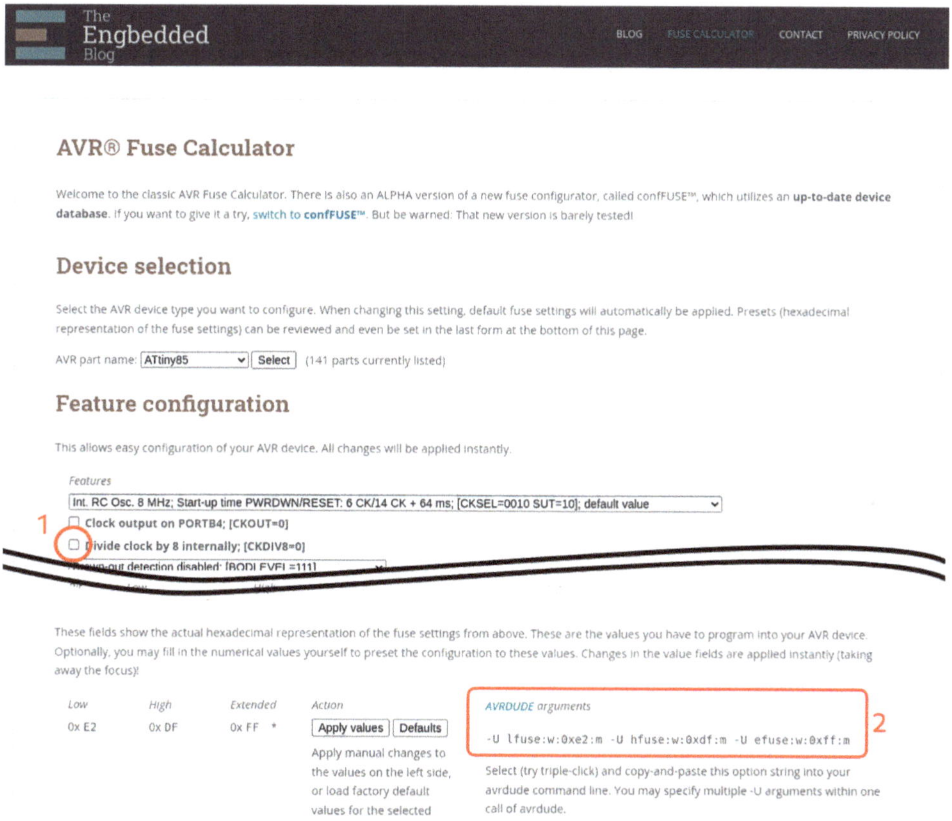


**Abb. 19.9** Einstellung im AVR Fuse Calculator

3) Nach dem Reset kann nun der Controller mit der.hex-Datei geflasht und die Messgeräte zur Messung angeschaltet werden. Im Programm wird man aufgefordert, die Jumper für das PWM Signal zu setzen. Am Ende bekommt man dann ein Protokoll, welches dann die Messergebnisse beinhaltet.

## 19.6 Das Pythonprogramm

Auch dieses Programm gestaltet sich, ebenso wie das oben vorgestellte Tiefpassfilterprogramm, schon sehr umfangreich, sodass es zunächst einer Überlegung wert ist, bestimmte Programmteile als Funktionen in externe Dateien auszulagern. Dies wären folgende Funktionen:

**setup_11_gpios()**
Portpins werden hier voreingestellt.

**setup_11_hmo1024()**
Beim Oszilloskop wird zunächst ein *RST durchgeführt, um nicht gewünschte Einstellungen zu deaktivieren. Dann wird Kanal 1 entsprechend den erwarteten Messwerten (Frequenz, Duty Cycle, etc.) sowie der Trigger und Zeitbasis eingestellt.

**setup_11_hmc8012()**
Hier wird das Multimeter nach den erwarteten Strom- und Spannungsmesswerten voreingestellt.

**setup_11_fusebits()**
Für die Einstellungen der Fusebits am Attiny85 wird diese externe Funktion verwendet. Sie überprüft, ob die Fusebits bereits richtig eingestellt sind und korrigiert dies dann gegebenenfalls.

**messschleife_11()**
In der Messschleife werden die Abfragen bzgl. der Jumpereinstellungen getätigt, die Messungen dann entsprechend ausgeführt und auch die Auswertungen dazu erstellt.

**create_11_pdf()**
Zum Ende der Programm wird eine PDF-Datei erzeugt, die die Messergebnisse und deren Auswertung beinhaltet.

## 19.7 Die externen Dateien

Zunächst werden die GPIOs definiert. Dies geschieht in der Datei setup_11_gpios.py. Diese werden dann im Hauptprogramm und in der Messschleife benötigt und dort dann importiert.

*setup_11_gpios.py*

→ Die setup_11_gpios.py enthält zwar keinen Funktionsblock, es werden aber hier die einzelnen GPIOs festgelegt. Später werden diese dann im Hauptprogramm importiert (siehe weiter unten).

Notwendiger Import und Festlegung der GPIOs.

```
from gpiozero import LED, Button
k_12 = LED(12)
k_16 = LED(16)
t_21 = Button(21)
t_20 = Button(20)
```

*setup_11_hmc8012.py*

→ Nun wird die Funktion des Multimeter erstellt. Das Multimeter soll später nur einmal den Aufnahmestrom des Mikrocontrollers und die USB- Spannung messen.

→ Notwendiger Import.

```
import pyvisa
```

→ Funktion für das Multimeter. Die Instanz des Ressourcen Managers wird erstellt und das Gerät mit seiner IP-Adresse geöffnet.

```
def hmc8012_config():
  rm = pyvisa.ResourceManager()
  hmc8012 = rm.open_resource('TCPIP::192.168.178.112::INSTR')
  print(hmc8012.query("*IDN?"))
```

→ Das return ist wichtig, um das Gerät auch im Hauptprogramm steuern zu können.

```
  return hmc8012
```

*setup_11_hmo1024.py*

→ Notwendiger Import.

```
import pyvisa
```

→ Funktion für die Einstellungen des Oszilloskops. Die Einstellungen richten sich nach den erwarteten Messwerten. Alle Befehle innerhalb der Funktion müssen eingerückt sein.

```
def setup_11_hmo1024():
  rm = pyvisa.ResourceManager()
  hmo1024 = rm.open_resource('ASRL/dev/ttyUSB0::INSTR')
  print(hmo1024.query("*IDN?"))
```

→ Oszilloskop resetten, um unerwünschte Einstellungen auszuschalten.

```
  hmo1024.write('*RST')
```

→ Nun beginnt die eigentliche Einstellung von Zeitbasis, Trigger, der Spannungs- und den Messeinstellungen (MEASurement1 bis MEASurement4).

→ Zeitbasis einstellen (für ungefähr 30 kHz).

```
  hmo1024.write('TIMEbase:SCALe 10us')
```

→ auf 1 V / DIV einstellen, Peak von 5 V erwartet.

```
  hmo1024.write('CHANnel1:SCALe 1')
```

→ Triggermode auf auto einstellen, also dauerhaft triggern.

```
  hmo1024.write('TRIGger:A:MODE AUTO')
```

→ Triggerlevel einstellen, 0,3 V.

```
  hmo1024.write('TRIGger:A:LEVEl1:VALUe 0.3')
```

→ Trigger auf steigende Flanke setzen.

```
  hmo1024.write('TRIGger:A:EDGE:SLOPe POSItive')
```

→ Kanal positionieren, drei Kästchen nach unten, um ein gutes Bild zu erhalten.

```
  hmo1024.write('CHANnel1:POSItion -3')
```

→ Hier folgen nun die 4 Messreihen, die aufgenommen werden sollen.

```
  hmo1024.write('MEASurement1:SOURce CH1')
  hmo1024.write('MEASurement1:MAIN FREQuency')
  hmo1024.write('MEASurement2:SOURce CH1')
  hmo1024.write('MEASurement2:MAIN PEAK')
  hmo1024.write('MEASurement3:SOURce CH1')
  hmo1024.write('MEASurement3:MAIN PPWidth')
  hmo1024.write('MEASurement4:SOURce CH1')
  hmo1024.write('MEASurement4:MAIN NPWidth')
  time.sleep(2)
```

→ Das return ist wichtig, um das Gerät auch im Hauptprogramm steuern zu können.

```
return hmo1024
```

***setup_fusebits.py***

→ Notwendiger Import.

```
import subprocess
```

→ Nun wird die Funktion für die Fusebiteinstellungen des Attiny85 erstellt. Erst werden die Fusebits lfuse, hfuse und efuse gelesen und jeweils in einer Textdatei abgespeichert. Nur wenn die Fusebits noch nicht richtig gesetzt sind (auf 8MHz ohne internen Teiler), werden diese gesetzt. Die subprocess.run() Kommandos sind in einer Zeile zu lesen.

```
def setup_11_fusebits():
```

→ Es wird das avrdude Kommando benutzt, um die Fusebits low, high und extend zu lesen und dessen Wert in eine Datei zu schreiben (avrdude … -r:fuse_l.txt:h)

```
  print ("Lese nun die Fusebits High, Low und Extend")
  subprocess.run(['avrdude','-c','usbasp','-p','t85','-
  U','lfuse:r:fuse_l.txt:h'])
  subprocess.run(['avrdude','-c','usbasp','-p','t85','-
  U','hfuse:r:fuse_h.txt:h'])
  subprocess.run(['avrdude','-c','usbasp','-p','t85','-
  U','efuse:r:fuse_e.txt:h'])
```

→ Nun werden die einzelnen Fusebiteinstellungen gelesen und überprüft, ob diese bereit richtig eingestellt sind. Die oben erstellten Dateien werden jeweils geöffnet (ASCII-Format) und anschließend wird der Inhalt mit den notwendigen Einstellungen verglichen. Sind die Fusebits noch nicht richtig gesetzt, so erfolgt dies anschließend.

→ Fusebit l: 0xe2

```
  with open("fuse_l.txt", "r", encoding="ascii") as
  fuse_l:
```

→ *strip()* notwendig. Sonst wird inhalt_l nicht richtig erkannt.

```
  inhalt_l = fuse_l.read().strip()
  if inhalt_l == "0xe2": # So soll lfuse gesetzt sein
    print("Fusebit Low schon richtig gesetzt")
  else:
    print("Fusebit Low wird gesetzt")
    subprocess.run(['avrdude','-c','usbasp','-p','t85','-U',
    'lfuse:w:0xe2:m'])
```

→ Fusebit h: 0xdf

```
  with open("fuse_h.txt", "r", encoding="ascii") as
  fuse_h:
   inhalt_h = fuse_h.read().strip()
   if inhalt_h == "0xdf": # So soll hfuse gesetzt sein
    print("Fusebit High schon richtig gesetzt")
  else:
```

```
    print("Fusebit High wird gesetzt")
    subprocess.run(['avrdude','-c','usbasp','-
    p','t85','-U', 'hfuse:w:0xdf:m'])
```

→ Fusebit e: 0xff

```
  with open("fuse_e.txt", "r", encoding="ascii") as
  fuse_e:
  inhalt_e = fuse_e.read().strip()
  if inhalt_e == "0xff": # So soll efuse gesetzt sein
    print("Fusebit Exend schon richtig gesetzt")
  else:
    print("Fusebit Extend wird gesetzt")
    subprocess.run(['avrdude','-c','usbasp','-
    p','t85','-U', 'efuse:w:0xff:m'])
```

*messschleife_11.py*

→ Für die Messschleifenfunktion wird nur von den GPIOs t_20 importiert, dies ist die Variable für den Taster zum Starten der Messungen. Mehr Importe werden nicht benötigt.

```
from setup_11_gpios import t_20
```

→ Beginn der Funktionserstellung. Übergeben werden müssen später im Hauptprogramm hmo1024, das Datum und die Uhrzeit.

```
def messchleife_11(hmo1024, datum, uhrzeit):
  text = [
  "Bitte nur Jumper 1 setzten und Taste 20 drücken",
  "Bitte nur Jumper 2 setzten und Taste 20 drücken",
  "Bitte nur Jumper 3 setzten und Taste 20 drücken",
  "Bitte nur Jumper 1 und 3 setzten und Taste 20 drücken",
  "Bitte nur Jumper 2 und 3 setzten und Taste 20 drücken"
    ]
```

→ Als nächstes werden in einem Array die Minimal- und Maximalwerte für die spätere Auswertung festgelegt. Dabei gilt:

Minimalwert ist ARRAYNAME[r*2], also 0,2,4,6,8

Maximalwert ist ARRAYNAME[r*2+1], also 1,3,5,7,9

Ausnahme: Die Frequenz f und die Signalspannung $u_{PP}$, da sie bei allen Messungen gleich sind. Zuerst die minimale / maximale Pulszeit, je nach Schleifendurchlauf. Die grün markierten Werte sind die Minimalwerte, ohne Markierung die Maximalwerte.

```
  min_max_ppw = [14,16,24,25.5,29.5,30.8,12,13,17,19]
  min_max_lpw = [15,17, 6.5,7.8, 1.2, 1.7, 19, 20, 13, 15]
```

→ Nun werden die Minimal- und Maximalwerte der Frequenz und der Spannung (Maximalspannung am Puls, also ca. 5 V) festgelegt.

```
min_max_f = [28000, 32000] # Minimal- und Maximalfrequenz
min_max_upp = [4.7, 5.5]  #Minimal- und Maximalspannung
```

→ Als nächsten werden Listen für die Werte, die später ausgewertet werden, erstellt.

```
wert_freq = list() # Frequenz
wert_upp = list() # Max. Spannung vom Puls
wert_ppw = list() # Pulsweite
wert_lpw = list() # Pulspause
```

→ Hier beginnt die eigentliche Messschleife mit 5 Durchläufen je 4 Messungen. Dabei wird je Zählerstand der Text im Array *text([m])* ausgegeben. Anschließend wird gemessen und mit *wertx.append()* die Liste mit Werten gefüllt. Die Printanweisungen dienen der Kontrolle, falls etwas nicht stimmen sollte.

```
for m in range(0,5):

print(text[m])
t_20.wait_for_press()
print("Messung beginnt...")
freq_ch1 = float(hmo1024.query('MEASurement1:RESUlt?'))
print (f"Die Frequenz beträgt: {'%.2f' %(freq_ch1)} Hz")
wert_freq.append(freq_ch1)
#print(wert_freq[m]) # nur zur Kontrolle

upp_ch1 = float(hmo1024.query('MEASurement2:RESUlt?'))
print  (f"Die  max.  Signalspannung  beträgt:  {'%.2f'%(upp_
ch1)} V")
wert_upp.append(upp_ch1)
#print(wert_upp[m])

ppw_ch1  =  1e+  6*  (float(hmo1024.query('MEASurement3:RE-
SUlt?')))
print (f"Die Pulsbreite beträgt: {'%.3f' %(ppw_ch1)} µs")
wert_ppw.append(ppw_ch1)
#print(wert_ppw[m])

lpw_ch1  =  1e+6  *  (float(hmo1024.query('MEASurement4:RE-
SUlt?')))
print (f"Die Pulspause beträgt: {'%.3f' %(lpw_ch1)} µs")
wert_lpw.append(lpw_ch1)
#print(wert_lpw[m])
```

```
print (f"\n\n\n Datum der Messung: {datum}, {uhrzeit}
Uhr\n\nMessreihe durchgeführt! Nun erfolgt die
Auswertung.")
```

→ Als nächstes findet die Auswertung der Messergebnisse statt. Dies soll später grafisch im PDF-Dokument dargestellt werden. Um die zu realisieren, wird eine Liste mit dem Inhalt *„ok“* erstellt. Zu Beginn werden die Messung also als „ok“ markiert, erst wenn ein Fehler auftritt, wird die gesamte Messreihe als nicht ok (nok) gekennzeichnet.

```
status = ["ok"] * 5
# Alternativ: status = ["ok","ok","ok","ok","ok",]
```

→ Fünf Durchläufe mit der Auswertung „ok“ oder „nicht ok“.

```
for r in range(0,5):

  print(f"\nErgebnis {r+1}. Messung")
```

→ Auswertung der Frequenzmessung.

```
  if min_max_f[0] <= wert_freq[r] <= min_max_f[1]:
    print(f"{r+1}. Messung Frequenz   OK")
  else:
    print(f"{r+1}. Messung Frequenz   FEHLER")
```

→ Hier wird nun in der Statusliste *“nok“* eingetragen, falls die Messung fehlerhaft ist.

```
    status[r] = "nok"
```

→ Maximale Spannung des Signals auswerten.

```
  if min_max_upp[0] <= wert_upp[r] <= min_max_upp[1]:
    print(f"{r+1}. Messung UPP     OK")
  else:
    print(f"{r+1}. Messung UPP   FEHLER")
    status[r] = "nok"
```

→ Auswertung der Pulsbreite (ppw)

```
  if min_max_ppw[r*2] <= wert_ppw[r] <=min_max_ppw
  [r*2+1]:
    print(f"{r+1}. Messung Pulszeit   OK")
  else:
    print(f"{r+1}. Messung Pulszeit   FEHLER")
    status[r] = "nok"
```

→ Auswertung der Pausenbreite (lpw)

```
  if min_max_lpw[r*2] <= wert_lpw[r] <= min_max_lpw
```

```
  [r*2+1]:
    print(f"{r+1}. Messung Pulspause    OK")
  else:
    print(f"{r+1}. Messung Pulspause    FEHLER")
    status[r] = "nok"
```

→ Diverse Werte werden an das Hauptprogramm zurückgegeben. Dies ist für die Weiterverarbeitung für das PDF-Dokument wichtig. Neben einzelnen Messwerten muss auch der Status, also gut oder fehlerhaft geliefert werden.

```
  return(wert_freq, wert_upp, wert_ppw, wert_lpw, status)
```

Hier endet die Datei messschleife_11.py.

***create_11_pdf.py***

→ Für die Erstellung eines PDF-Dokuments mit den Messergebnissen und einer Auswertung dazu bietet sich das Paket fpdf2 (nicht fpdf!) an. Unter https://py-pdf.github.io/fpdf2/fpdf/index.html findet man viele Informationen dazu. In Thonny wird dazu das Paket fpdf2 installiert (Werkzeuge – Installiere Pakete). Auch hier der Hinweis, dass das Erzeugen einer PDF-Datei nicht gerade einfach erscheint und hier nur eine Möglichkeit dazu dargestellt wird. Es müssen aus der Messschleife verschiedene Werte in diese Funktion übernommen werden.

→ Importieren der notwendigen Module.

```
from fpdf import FPDF
from fpdf.enums import XPos, YPos
```

→ Subprocess wird verwendet, um am Ende der Erstellung das Dokument gleich zu öffnen.

```
import subprocess
```

→ Hier startet die Funktionsdefinition, diese wird später im Hauptprogramm aufgerufen. Es müssen etliche Parameter übergeben werden, die vom Hauptprogramm und aus der Messschleife stammen.

```
def pdf_create(user, datum, sn, uhrzeit, v_usb, idc, wert_
  freq, wert_upp, wert_ppw, wert_lpw, status):
```

→ Zunächst wird das Dokument erzeugt und das Seitenformat festgelegt. An der expliziten Schreibweise erkennt man direkt, dass es sich um eine A4 Seite handelt. Alternative könnte man auch *pdf = FPDF()* schreiben. Die Größe der A4 Seite ist 210 x 297, wobei sich der Nullpunkt oben links befindet.

```
  pdf = FPDF(orientation="P", unit="mm", format="A4")
  pdf.add_page()
```

→ Als nächstes wird eine neue Schriftart hinzugefügt. Dies ist optional, hat aber im Dokument eine bessere, gut lesbare Ausgabe der Messwerte zur Folge.

```
pdf.add_font("FreeMono", "B","/usr/share/fonts/truetype/
freefont/FreeMonoBold.ttf")
```

→ Für den Titeltext (ohne Messwerte) soll die Schriftwart Helvetica verwendet werden. „B" bedeutet bold, also fett mit der Größe 12.

```
pdf.set_font("Helvetica", "B", 12)
```

→ Mit pdf.cell() wird eine Überschrift, mittig (*align= "C"*) ausgerichtet in der zuvor festgelegten Schriftart erzeugt. Anschließend wird mit *new_x=...* und *new_y=...* in die nächste Zeile gesprungen.

```
pdf.cell(0, 10, "Messprotokoll für den PWM-Generator mit
dem Attiny85", new_x=XPos.LMARGIN, new_y=YPos.NEXT,
align="C")
```

→ Als Standardschriftart wird Helvetica, nicht fett, Größe 12, festgelegt.

```
pdf.set_font("Helvetica", "", 12)
```

→ Erzeugung von weiteren Zeilen unter der Überschrift. Mittels *pdf.multi_cell* kann mit *\n* (gelb markiert!) in die nächste Zeile für den dann folgenden Text gesprungen werden. Wie oben schon zu sehen, gibt es ein *new_x=...* und *new_y=...* um wieder in die nächste Zeile zu wechseln.

```
pdf.multi_cell(0, 5, "Erstellt mit der Open Source Python
Library
fpdf:\nhttps://py-pdf.github.io/fpdf2/index.html",
new_x=XPos.LMARGIN, new_y=YPos.NEXT, align="C")
```

→ Nun wird Datum und Name zentriert platziert.

```
pdf.cell(0, 8, f"Datum: {datum}, {uhrzeit} Uhr, Bearb.:
{user} ",new_x=XPos.LMARGIN, new_y=YPos.NEXT, align="C")
```

→ Nun wird eine Trennlinie erzeugt. Die Linie erstreckt sich von x = 20 bis 190 und liegt auf der Höhe 43. Die Höhe kann ggf. angepasst werden und kann auch mit pdf.get_y() auf die aktuelle Höhe im Dokument eingestellt werden. Anschließend wird ein gewisser Zeilenabstand eingestellt.

```
pdf.line(20, 43, 190, 43)
# Alternativ: pdf.line(20, pdf.get_y(), 190, pdf.get_y())
```

→ Erzeugung einer Leerzeile mit dem Abstand 8.

```
pdf.ln(8)
```

→ Nun wird ein Text festgelegt, der sich über mehrere Zeilen erstreckt. Im Aufruf von pdf.multi_cell wird dieser dann eingefügt. Die Leerzeichen im Text geben später ein gute Anordnung der Schrift wieder.

```
text = f" Verwendeter Programmieradapter: usbasp Version
2011\n Festgelegte Messtoleranzen: ±5%\n Interner
Takt des Attiny85: 8MHz ohne Teiler\n Pseudoseriennummer des
Attiny85: {sn}\n"
```

→ Hier wird nun der oben erstelle Text eingefügt.

```
pdf.multi_cell(0, 5, text, align="L")
```

→ Nun wird eine Textzeile und ein Abstand danach erzeugt. Die Leerzeichen vor *„Messergebnisse“* sind auch hier für eine bessere Lesbarkeit in der PDF-Datei gewählt.

```
pdf.cell(0, 5, "  Messergebnisse:", ln=True)
```

→ Als erstes wird die USB-Spannung und die Stromaufnahme ausgegeben.

```
pdf.cell(0, 5, f" USB-Spannung: {abs(v_usb):.2f} V",
ln=True)
pdf.cell(0, 5, f" Stromaufnahme: {idc:.2f} mA", ln=True)
```

→ Als nächstes wird die Überschrift (messg, also die Messgrößen) pro Messreihe erzeugt. Diese wird später im Ergebnisblock (siehe unten) eingefügt.

```
messg = "Frequenz | Puls+  | Puls-  | U Puls "
```

→ Im Ergebnisblock wird zunächst Text als auch die Variablen, die aus den Messungen hervorgingen, festgelegt. Wichtig ist hier die Darstellung, in den runden Klammern ist alles in einer Zeile zu sehen, von (**"Messergebnis 1** bis **status[0]**).

```
ergebnis = [
```

→ Es folgen nun die 5 Einträge im Ergebnisblock für die Messungen. Zur besseren Lesbarkeit ist jeweils eine Leerzeile pro Eintrag vorhanden.

```
("Messergebnis 1, ohne Jumper", messg,[f"{(wert_freq[0]/
1000):05.2f} kHz | {wert_ppw[0]:05.2f} µs | {wert_lpw[0]:05.2f}
µs | {wert_upp[0]:.2f} V"], status[0]),

("Messergebnis 2, mit Jumper 1", messg,[f"{(wert_freq[1]/
1000):05.2f} kHz | {wert_ppw[1]:05.2f} µs | {wert_lpw[1]:05.2f}
µs| {wert_upp[1]:.2f} V"], status[1]),

("Messergebnis 3, mit Jumper 2", messg,[f"{(wert_freq[2]/
1000):05.2f} kHz | {wert_ppw[2]:05.2f} µs | {wert_lpw[2]:05.2f}
µs| {wert_upp[2]:.2f} V"], status[2]),
```

```
("Messergebnis 4, mit Jumper 3", messg,[f"{(wert_freq[3]/
1000):05.2f} kHz | {wert_ppw[3]:05.2f} µs | {wert_lpw[3]:05.2f}
µs| {wert_upp[3]:.2f} V"], status[3]),

("Messergebnis 5, mit Jumper 2+3", messg,[f"{(wert_freq[4]/
1000):05.2f} kHz | {wert_ppw[4]:05.2f} µs | {wert_lpw[4]:05.2f}
µs | {wert_upp[4]:.2f} V"], status[4])

]
```

→ Hier endet der Ergebnisblock. Als nächstes startet eine for-Schleife, die die Daten im Ergebnisblock ausgibt. Dabei werden die Messwerte aus der obigen Messschleife übergeben und jeweils dann dargestellt. Die *status[]* Liste wird ebenfalls ausgewertet, dort wird entweder ein rotes oder grünes Rechteck dargestellt, je nach dem, welcher Status aus der Messschleife übermittelt wurde.

→ Für die angegeben Schleifenvariablen aus dem oben erstellten Ergebnisblock folgt nun die Auswertung. Eine kurze Übersicht dazu:

**"Messergebnis 5, ..."** entspricht **titel**
**messg** entspricht **messg**
**[f"{(wert_freq[4]/...V"]** entspricht **messerg**
**status[x]** entspricht **status**

```
for titel, messg, messerg, status in ergebnis:
  x = 20          # Start X-Position des Blocks
  y = pdf.get_y()       # Aktuelle Y-Position (oben links
              # vom Block)
```

→ Die Statusabfrage, also ob pro Messreihe ein *ok* oder *nok* ausgegeben wurde. Die Farbe des Rechtecks wird dann je nach Status festgelegt.

```
  color = (0, 200, 0) if status == "ok" else (255, 0, 0)
  pdf.set_fill_color(*color)
  pdf.rect(x, y+5, 4, 15, "F")
```

→ Nun wird die Überschrift dargestellt, also der Titel (*Messergebnis 1...*) und rechts neben dem farbigen Rechteck platziert. Die Schriftart ist hier fett gewählt.

```
  pdf.set_xy(x + 10, y+5)
  pdf.set_font("Helvetica", "B", 12)
  pdf.cell(0, 5, titel, new_x=XPos.LMARGIN, new_y=YPos.NEXT)
```

→ Darunter wird der Text der Messgrößen (*messg*) gesetzt.

```
pdf.set_x(x + 10)
pdf.set_font("FreeMono", "B", 11)
pdf.cell(0, 6, f"{messg}", new_x=XPos.LMARGIN,
new_y=YPos.NEXT)
```

→ Darunter wiederum sind nun die Messergebnis zu finden. Erst wird der horizontale Startpunkt (*pdf.set_x()*) nach rechts verschoben. Dann werden die Messergebnis (*messerg*) in eine mit Komma getrennten Zeichenkette umgewandelt.

```
pdf.set_x(x + 10)
pdf.cell(0, 6, f"{', '.join(messerg)}", new_x=XPos.LMARGIN,
new_y=YPos.NEXT)
```

→ Es folgt ein kleiner Abstand nach jedem Block.

```
pdf.ln(4)
```

→ Die for-Schleife innerhalb dieser Funktion endet hier. Nun wird noch eine Fußzeile erzeugt, anschließend dem Dokument ein Name vergeben und mit dem subprocess Kommando das Messprotokoll gleich aufgerufen. So kann man gleich sehen, ob alles wie gewünscht funktioniert hat.

```
pdf.line(20, 268,190,268)
pdf.set_xy(10, 270)
pdf.cell(0, 5, "Seite 1", align="C")
dateiname = "Messprotokoll_t85.pdf"
pdf.output(dateiname)
subprocess.run(["xdg-open", "Messprotokoll_t85.pdf"])
```

Hier endet die Datei create_11_pdf.py.

Die hier aufgelisteten externen Dateien resultieren aus den Überlegungen, wie die Struktur des Programms aussehen könnte. Es können also hier und da noch Änderungen vorgenommen werden. Nun folgt das Hauptprogramm mit diversen Importen, Funktionsaufrufen und den weiteren (restlichen) Anweisungen.

## 19.8 Das Hauptprogramm

```
# ********************************************************
# Programm zum Flashen eines Attiny85 und anschließender
# messtechnischer Überprüfung des PWM Signals und
# Erstellung eines PDF-Dokuments
# ********************************************************
```

→ Wie gehabt die benötigten Importe.

```
import subprocess, time, pyvisa
```

→ Es folgt der Import der externen, selbst erstellten Funktionen

```
from settings_fusebits import fusebit_settings
from setup_11_hmc8012 import hmc8012_config
from setup_11_hmo1024 import hmo1024_config
from messschleife_11 import messschleife_11
from create_11_pdf import pdf_create
```

→ Hier werden die GPIOs initialisiert und importiert.

```
from setup_11_gpios import k_12, k_16, t_20, t_21
```

→ Man könnte in diesem Fall auch schreiben:

```
from setup_11_gpios import *
```

→ Zunächst die Abfrage Bearbeiter und Seriennummer. Dies ist nur als Beispiel zu sehen.

```
user = input("Bitte Namenskürzel eingeben:")
sn = input("Bitte Seriennummer eingeben:")
```

→ Die oben importierten GPIO-Konfigurationen können nun direkt verwendet werden. Zunächst wird mit K16 eingeschaltet.

```
k_16.on()
```

→ K12 einschalten, damit der Attiny85 im Slow Clock Modus gelesen werden kann (Falls die Fusebits noch auf 1 MHz gesetzt sind).

```
k_12.on()
```

→ Nun wird die externe Funktion zum Setzen der Fusebits aufgerufen. Diese Überprüft und ändert ggf. die Fusebits.

```
fusebit_settings()
```

→ Durch das Ausschalten von K12 wird der Slow Clock Modus am usbasp ausgeschaltet. Dadurch kann der Controller im Fast Modus geflasht werden.

```
k_12.off()
```

→ Geräte initialisieren und konfigurieren (externe Funktionen).

```
hmc8012 = hmc8012_config()
hmo1024 = hmo1024_config()
```

→ Warten auf Tastendruck zum Flashen des Attiny85.

```
print("Zum Starten bitte Taster 21 drücken")
t_21.wait_for_press()
```

→ Zuerst wird der Flashspeicher des Controllers gelöscht.

```
print("Lösche Flash auf dem Attiny85...")
subprocess.run(['avrdude','-c','usbasp','-p','t85','-e'])
time.sleep(1)
```

→ Nun wird der Controller mit dem erstellten Programm geflasht.

```
print("Flashe den Attiny85, PWM Test")
subprocess.run(['avrdude','-c','usbasp','-p','t85','-U',
  'flash:w:t85_projekt/main.hex:i'])
```

→ Es folgt die Messung der USB-Spannung und der Stromaufnahme mit dem HMC8012. Ausgabe der Spannung als Absolutwert.

```
hmc8012.write('CONFigure:VOLTage:DC 40')
time.sleep(2)
v_usb = float(hmc8012.query('MEASure:VOLTage:DC?'))
print("USB-Spannung: " + "%.2f" %(abs(v_usb)) +"V")
time.sleep(2)
hmc8012.write('CONFigure:CURRent:DC 20mA')
time.sleep(2)
idc = 1e+3 * (float(hmc8012.query('MEASure:CURRent:DC? 20mA')))
print (f"Die Stromaufnahme beträgt: {'%.2f' %(idc)} mA")
```

→ Starten der Messschleife, Übergabe von Parametern und Holen von den Messergebnissen ***.

```
wert_freq, wert_upp, wert_ppw, wert_lpw, status = messchlei-
  fe_11(hmo1024, datum, uhrzeit)
```

→ PDF-Datei erzeugen. Dabei sind ebenfalls viele Übergabeparameter notwendig ***.

```
pdf_create(user, datum, sn, uhrzeit, v_usb, idc, wert_freq,
  wert_upp, wert_ppw, wert_lpw, status)
```

→ Ausschalten, das wars

```
k_16.off()
```

## 19.9 Hinweise zu einer Dataclass

*** Wie man erkennt, ist die Übergabe von so vielen Parametern nicht nur unübersichtlich, sondern auch fehleranfällig. Um die Schreibweise zu verbessern, kann man die Parameter in einer separaten Dataclassdatei festlegen. Hier ein Beispiel, wie man dies z. B. mit einer Dataclass für die PDF-Datei realisieren könnte:

*pdf_dataclass.py*

→ Externe, neue Datei erzeugen, hier wird eine Dataclass für das PDF-Dokument erstellt

```
pdf_dataclass()
from dataclasses import dataclass

@dataclass
  class PdfParameter:
    user: str # vom Typ String
    datum: str
    sn: str
    uhrzeit: str
    v_usb: float
    idc: float # vom Typ Float
    wert_freq: float
    wert_upp: float
    wert_ppw: float
    wert_lpw: float
    status: str
```

Der Aufruf im *Hauptprogramm* gestaltet sich dann wie folgt, es wird zunächst das Objekt erzeugt mit der o. g. Dataclass:

```
pdf_dataclass = PdfParameter(user, datum, sn, uhrzeit, v_
  usb, idc, wert_freq, wert_upp, wert_ppw, wert_lpw, status)
```

→ Anschließend die PDF-Erzeugung mit

```
pdf_create(pdf_dataclass)
```

Im Hauptprogramm muss die Funktionsdefinition für die Erstellung der PDF-Datei (Datei *create_11_pdf.py)*

```
def pdf_create(user, datum, sn, uhrzeit, v_usb, idc,
  wert_freq,
  wert_upp, wert_ppw, wert_lpw, status):
```

gegen

```
def pdf_create(pdf_dataclass: PdfParameter):
```

ausgetauscht werden. Ein Aufruf z. B. des Datums erfolgt dann mit

```
  pdf.cell(0, 8, f"Datum: {dcpdf.datum} … usw.
```

Alle anderen Aufrufe müssten dementsprechend angepasst werden.

Ist das Programm (auch ohne Dataclass) ordnungsgemäß durchgelaufen, sollte dies in Thonny so aussehen (Abb. 19.10):

```
upp_ch1 = float(hmo1024.query('MEASurement2:RESUlt?'))
```

Kommandozeile

```
Ergebnis 2. Messung
2. Messung Frequenz          OK
2. Messung UPP               OK
2. Messung Pulszeit          OK
2. Messung Pulspause         OK

Ergebnis 3. Messung
3. Messung Frequenz          OK
3. Messung UPP               OK
3. Messung Pulszeit          OK
3. Messung Pulspause         OK

Ergebnis 4. Messung
4. Messung Frequenz          OK
4. Messung UPP               OK
4. Messung Pulszeit          OK
4. Messung Pulspause         OK

Ergebnis 5. Messung
5. Messung Frequenz          OK
5. Messung UPP               OK
5. Messung Pulszeit          OK
5. Messung Pulspause         OK

>>>
```

**Abb. 19.10** Ergebnis der Messreihe

Man kann nun durch falsches Setzen der Jumper oder durch das Abklemmen der Messgeräte eine Fehlersituation erzeugen, um auch dahingehend die Funktionsweise des Programms zu überprüfen. Auch wäre es in einer Erweiterung sinnvoll, die Messergebnisse anzuzeigen.

Auf der nächsten Seite sieht man nun das Ergebnis des erstellten PDF-Dokuments. Je nach Bedarf kann das angepasst werden. Bei den Messergebnissen habe ich eine fehlerhafte Messung erzwungen, damit man erkennt, dass auch diese richtig dargestellt wird (Abb. 19.11).

Auch hier der Hinweis: Dieses Projekt ist sehr anspruchsvoll und kostet viel Zeit. Auch das Erstellen der Dataclass sollte sehr strukturiert erfolgen, so ist es sinnvoll, auch für die Messwerte eine Dataclass zu erstellen.

**Messprotokoll für den PWM-Generator mit dem Attiny85**

Erstellt mit der Open Source Python Library fpdf:
https://py-pdf.github.io/fpdf2/index.html

Datum: 24.10.2025 , 15:30 Uhr, Bearbeiter: Redemann

---

Verwendeter Programmieradapter: usbasp Version 2011
Festgelegte Messtoleranzen: ±5%
Interner Takt des Attiny85: 8MHz ohne Teiler
Pseudoseriennummer des Attiny85: 12345

Messergebnisse:
USB-Spannung: 5.04 V
Stromaufnahme: 6.58 mA

**Messergebnis 1, ohne Jumper**

| Frequenz | Puls+ | Puls- | U Puls |
|---|---|---|---|
| 31.32 kHz | 15.58 µs | 16.34 µs | 5.16 V |

**Messergebnis 2, mit Jumper 1**

| Frequenz | Puls+ | Puls- | U Puls |
|---|---|---|---|
| 31.28 kHz | 24.82 µs | 07.12 µs | 5.20 V |

**Messergebnis 3, mit Jumper 2**

| Frequenz | Puls+ | Puls- | U Puls |
|---|---|---|---|
| 31.31 kHz | 30.46 µs | 01.50 µs | 5.16 V |

**Messergebnis 4, mit Jumper 3**

| Frequenz | Puls+ | Puls- | U Puls |
|---|---|---|---|
| 31.30 kHz | 11.62 µs | 20.34 µs | 5.20 V |

**Messergebnis 5, mit Jumper 2+3**

| Frequenz | Puls+ | Puls- | U Puls |
|---|---|---|---|
| 31.32 kHz | 17.98 µs | 13.98 µs | 5.12 V |

---

Seite 1

**Abb. 19.11** Das mit fpdf2 erstelle PDF-Dokument

# 20 Grafische Oberfläche (GUI) mit Tkinter

Die bisherigen Programme waren Terminalprogramme, es wird nun Zeit, eine grafische Oberfläche zu gestalten, bei der man in einfacher Form sieht, wie man Geräte fernsteuern kann und Messergebnisse dann auch einem Fenster darstellt. Da das Erzeugen einer GUI nicht das Hauptthema dieser Lektüre ist, wird nur ein einfaches Beispiel dargestellt und erläutert. Dennoch wird die Komplexität größer. Dies bedeutet, dass man sich vorher schon im Klaren sein muss, welche Aufgaben das Programm erfüllen soll, welche Abfragen, Fenster, Menüleisteneinträge und dessen Menüeinträge es geben soll und natürlich auch, welche Messgeräte Verwendung finden.

Die App soll so gestaltet sein, dass oben in der Menüleiste ein Untermenü mit *„Datei – Beenden"*, *„Spannung einstellen – 0 V | 5 V | 10 V"* und *„Hilfe/Info – Hilfe - Info"* erstellt wird. Im Hauptfenster sind zwei Buttons platziert, mit denen das Multimeter entweder die Spannung oder den Widerstandswert ermittelt. In der Mitte soll dann der Messwert angezeigt werden. Die Schaltung ist eine Erweiterung des Programms zum Einstellen eines Netzgeräts und Messen der Spannung (viertes Programm). Das Relais K26 wird zusätzlich verwendet, um einen Widerstandswert zu ermitteln (Abb. 20.1).

Auf den nächsten beiden Bildern sieht man die Idee der Benutzeroberfläche mit der Menüleiste, zwei Buttons und die Anzeige des Messwerts (Label) (Abb. 20.2 und 20.3):

Beim Entwurf des Programms werden zunächst die beiden Geräte und auch K26 voreingestellt. Dies erfolgt in gewohnter Form mit pyvisa und gpiozero.

Dann werden weitere Funktionen erstellt, die später beim Anklicken eines der Buttons in der App ausgeführt werden sollen. Die Spannung, die am Netzgerät eingestellt werden kann, soll mit einem Menüeintrag unter *„Spannung einstellen"* erfolgen. Anschließend erfolgt die Gestaltung der GUI mit Größe, Menüleiste usw..


B. Redemann, *Automatisiertes Messen mit steuerbaren Geräten und dem Raspberry Pi 5*, https://doi.org/10.1007/978-3-658-52314-5_20

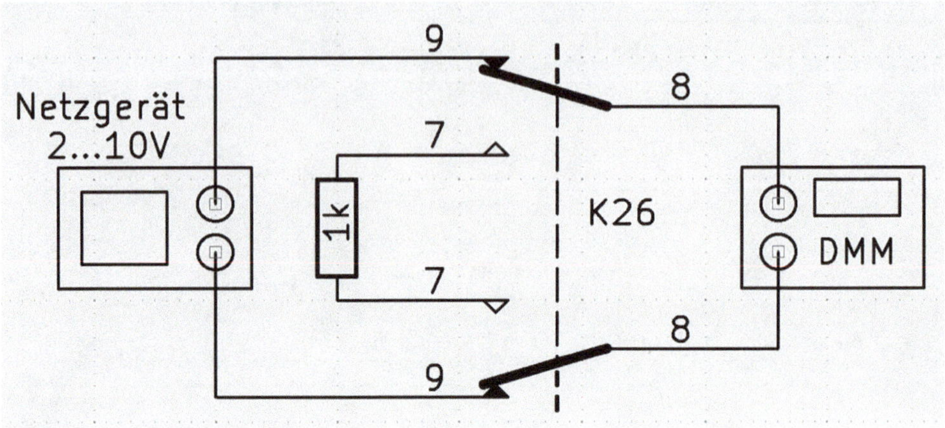


**Abb. 20.1** Einfache Widerstands- und Spannungsmessung

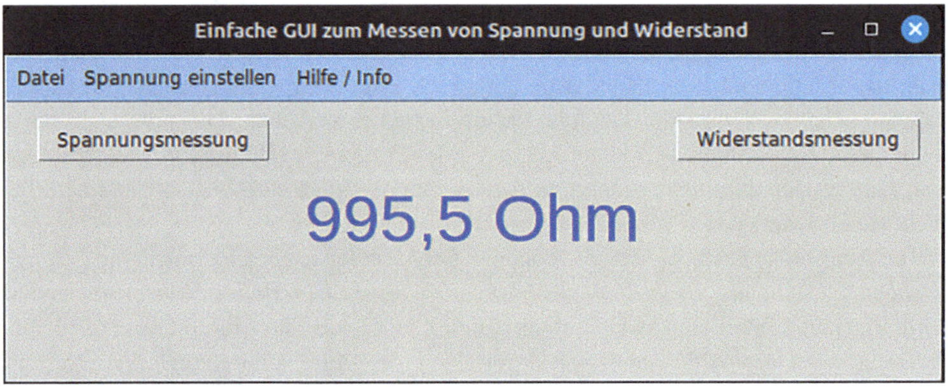


**Abb. 20.2** Die GUI

Mithilfe der leicht erlernbaren Tkinter GUI Bibliothek soll hier gezeigt werden, wie man das realisieren kann. Für dieses Beispiel reicht diese aus, für Tkinter muss nichts zusätzlich installiert werden, es ist Bestandteil von Python.

```
# ***************************************************
# App zur Steuerung eines Netzgeraets, Multimeters und
# Relais zur Strom- und Widerstandsmessung
# B. Redemann, 2025
# ***************************************************
```

→ Importe für die Benutzeroberfläche.

```
from tkinter import *
from tkinter import messagebox # nicht durch import * abgedeckt
import tkinter as tk
```

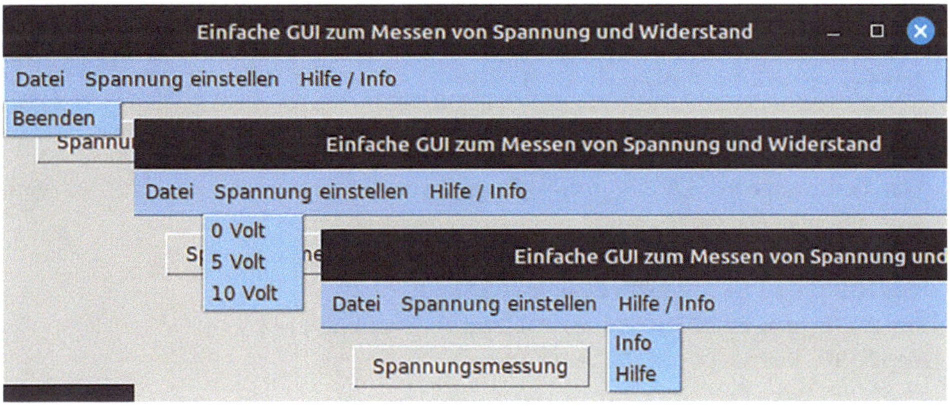


**Abb. 20.3** Die Untermenüs

→ Weitere Importe, die schon bekannt sind.

```
from gpiozero import LED
import pyvisa
import time
```

→ Zunächst das Relais K26 ausschalten.

```
k_26 = LED(26)
k_26.off()
```

→ Nun die Instanzen der beiden Geräte erzeugen.

```
rm = pyvisa.ResourceManager()
hmc8012 = rm.open_resource('TCPIP::192.168.178.112::INSTR')
hmp2030 = rm.open_resource("TCPIP0::192.168.178.99::5025
  ::SOCKET",
read_termination = '\n', write_termination = '\n', ti-
  meout = 5000)
```

→ Funktionen „show_help“ und „show_info“ für die Messageboxen (Neues Fenster mit Hinweisen).

```
def show_help():
  messagebox.showinfo("Hilfe", "Durch Klicken des 'Span-
  nungs-' oder
  'Widerstands-' Buttons wird die Messung durchgeführt.\n\nB.
  Redemann 2025")
```

```
def show_info():
  messagebox.showinfo("Hilfe", "Test-GUI Version 0.1 Beta\n
  2025\n\n  by B. Redemann")
```

→ Funktion zur Konfiguration des Netzgeräts. Der Spannungswert wird dabei an die Funktion übergeben. Die Stromeinstellung dient nur zur Absicherung. Das Netzgerät wird anschließend eingeschaltet.

```
def hmp2030_set(voltage):
  hmp2030.write('INSTrument:SELect OUT1')
  hmp2030.write(f'SOURCe:VOLTage {voltage}')
  hmp2030.write(f'SOURCe:CURRent 0.5')
  hmp2030.write('OUTPut:STATe ON')
```

→ Funktion zur Spannungs- und Widerstandsmessung für das Multimeter. Das Multimeter wird je nach Anforderung *„(x)"* in den Spannungs- oder Widerstandsmessbereich eingestellt. K26 wird hierbei *vor* der Widerstandsmessung eingeschaltet und *nach* der Umschaltung auf den Spannungsbereich ausgeschaltet. Das verhindert das versehentliche Messen des Widerstandswerts bei eingeschalteter Spannung.

```
def hmc8012_conf(x):
  if x == "r":
    k_26.on()
    hmc8012.write('CONFigure:RESIstance 4000')
    time.sleep(1)
  if x == "u":
    hmc8012.write('CONFigure:VOLTage:DC 40')
    time.sleep(1)
    k_26.off()
```

→ Die Messfunktion wird nach Drücken des entsprechenden Buttons ausgeführt.

```
def mess(w):
```

→ Messbereich 4 kΩ einstellen, es wird ein 1 kΩ Widerstand gemessen.

```
  if w == "r":
    hmc8012.write('CONFigure:RESI 4000')
```

→ Dieses *„Fetch?"* ist für den Widerstandsmessbereich notwendig, da sonst Timeoutfehler angezeigt werden. Weder ein read, ein query und das Einfügen von *„time.sleep()"* an verschiedenen Stellen funktionierten in diesem Fall (HMC8012) nicht. Die genaue Ursache dafür konnte ich nicht herausfinden.

```
    rl = hmc8012.query("FETCh?")
    #rl = hmc8012.read('MEASure:RESI?')-> Geht so nicht,
  Timeouts
```

→ Nun wird der ermittelte Messwert *„(rl)"* für das Label gesetzt.

```
    messwert.set(f" {float(rl):.3f} Ohm")
  elif w == "u":
```

→ Für die Abfrage der Spannung kann ganz normal mit query gearbeitet werden.

```
    hmc8012.write('CONFigure:VOLTage:DC 40')
    dcv = float(hmc8012.query('MEASure:VOLTage:DC? AUTO'))
```

→ Nun wird der ermittelte Messwert *„(dcv)"* für das Label gesetzt.

```
    messwert.set(f" {float(dcv):.3f} Volt")
```

→ Hier beginnt das eigentliche Hauptprogramm. Das Netzgerät wird auf 0 V und das Multimeter in den DC-Spannungsmessbereich eingestellt.

```
hmp2030_set(0)
hmc8012_conf("u")
```

→ Nun beginnt die Erstellung der GUI. Es wird zunächst die Instanz mit Titel und Größe erzeugt. *„mwindow"* ist dabei das Hauptfenster.

```
mwindow = Tk()
mwindow.title("Einfache GUI zum Messen von Spannung und
  Widerstand")
mwindow.geometry("650x180")
```

→ Variable für den Messwert, später als Label in der GUI.

```
messwert = tk.StringVar()
messwert.set("Button drücken")
```

→ Nun wird die Menüstruktur und die beiden Buttons erstellt. Die Menübar erhält einen hellblauem Hintergrund mit schwarzer Textfarbe.

```
menubar = Menu(mwindow, background='#abcdff', foreg-
  round="black", activebackground="white", activeforeg-
  round="black")
```

→ Ab hier werden die einzelnen Menüpunkte erstellt, also *„Datei", Spannung einstellen"* und *„Info / Hilfe"*.

```
datei = Menu(menubar, tearoff=0, background='#abcdef', foreg-
  round ='black')
```

→ Hier wird der Name dieses Menüs eingetragen und auch wozu dieser gehört (*menu=datei*).

```
menubar.add_cascade(label="Datei", menu=datei)
```

→ Nun wird das Kommando hinterlegt, wenn man auf "*Datei*" klickt. "*Beenden*" ist der Name des Menüpunkts, "*mwindow.destoy*" schließt das Fenster und beendet das Programm.

```
datei.add_command(label="Beenden", command=mwindow.destroy)
```

→ Der Menüpunkt für die Spannungseinstellung wird wie oben, mit dem hellblauen Hintergrund- und der Textfarbe, erstellt.

```
setv = Menu(menubar, tearoff=0, background='#abcdef', foreg-
  round="black")
```

→ Der Name lautet hier „*Spannung einstellen*“ und gehört zum Menü setv (*menu=setv*).

```
menubar.add_cascade(label="Spannung einstellen", menu=setv)
```

→ Mit set.add_command werden nun drei verschieden Menüpunkte unterhalb von „Spannung einstellen“ erzeugt. Diese führen das jeweilige Kommando zur Spannungseinstellung aus (*hmp2030_set()*), also die oben erzeugte Funktion. Das *lambda* ist sehr wichtig, diese anonyme Funktion dient dazu, die eigentliche Funktion erst <u>nach</u> dem Drücken des Buttons auszuführen, da diese auch Parameter übergibt.

```
setv.add_command(label="0 Volt", command=lamb-
  da:hmp2030_set(0))
setv.add_command(label="5 Volt", command=lamb-
  da:hmp2030_set(5))
setv.add_command(label="10 Volt", command=lambda:hmp2030_
  set(10))
```

→ Der Menüpunkt für die Hinweise wird wie oben, mit dem hellblauen Hintergrund- und der Textfarbe, erstellt.

```
infohilfe = Menu(menubar, tearoff=0, background='#abcdef',
  foreground="black")
```

→ Hier wird der Name dieses Menüs eingetragen und auch wozu dieser gehört (*menu=infohilfe*)

```
menubar.add_cascade(label="Hilfe /Info", menu=infohilfe)
```

→ Auch hier werden Kommandos aufgerufen, die zuvor als Messagebox in einer Funktion definiert wurden (*show_info* und *show_help*)

```
infohilfe.add_command(label="Info", command=show_info)
infohilfe.add_command(label="Hilfe", command=show_help)
```

→ Nun werden die beiden Buttons im Hauptfenster zum Messen von Spannung bzw. Strom erstellt. *„spannung“* bzw. *„widerstand“* ist der Name der Buttons, *mwindow* bedeutet, dass die Buttons im Hauptfenster platziert werden. Hier wird dann die oben erstellte Funktion zu Messung der Spannung bzw. des Widerstands mit *command=lambda:(hmc8012..), mess()* ausgeführt. Es können also mehrere Funktionen hintereinander ausgeführt werden. Das *.grid* legt die Position der Buttons fest.

```
spannung = tk.Button(mwindow, text="Spannungsmessung",
  command=lambda:(hmc8012_conf("u"),mess("u"))).grid(row=5,
  column=5,padx=20, pady=10)

widerstand = tk.Button(mwindow, text="Widerstandsmessung",
  command=lambda:(hmc8012_conf("r"),mess("r"))).grid(row=5,
  column=15,padx=20,pady=10)
```

→ Das Label, sprich der „Platzhalter“ für den gemessenen Wert darf nicht fehlen. Als Variable wird hier *„messwert“* eingesetzt, die ja den Messwert beinhaltet (oben im Aufruf *„messwert.set()“*). Auch das Label wird im Hauptfenster (*mwindow*) platziert und bekommt eine blaue Schrift und ist etwas größer. Im Raster (*„grid“*) wird es in etwa mittig ausgerichtet.

```
label = tk.Label(mwindow, textvariable=messwert,
  font=("Arial", 32), fg="blue")
label.grid(row=30, column=10)
```

→ Zum Schluss wird das Hauptfenster mit den oben erstellten Teilen erzeugt und läuft in einer Endlosschleife.

```
mwindow.config(menu=menubar)
mwindow.mainloop()
```

Hinweis zum Starten der App: Die Benutzeroberfläche muss außerhalb der Thonny Oberfläche liegen, da sonst die Buttons nicht angeklickt werden können (Abb. 20.4).

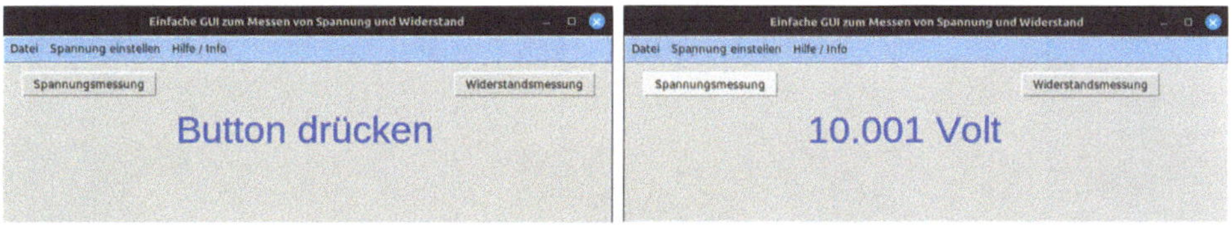


**Abb. 20.4** GUI beim Starten und der Spannungsmessung

## 20.1 Erstellen eines ausführbaren Pythonprogramms

Alle bisherigen Programme wurden aus der IDE Thonny gestartet, was sehr unpraktisch ist. Besser wäre da eine ausführbare Datei, die der Anwender einfach startet. Es gibt dort verschiedene Möglichkeiten, z. B. mit dem pyinstaller, die allerdings mehrere Schritte benötigt. Die wohl einfachste ist jedoch die, dass man das obige Pythonprogramm ausführbar macht. Dazu sind nur wenige Vorbereitungen zu treffen. In Thonny geht man dazu unter „*Werkzeuge – Optionen – Interpreter*" und kopiert den Pfad des ausführbaren Python-Programms in das eigentliche Pythonprogramm, und zwar in die ersten Zeile.

→ Hier steht der Pfad des ausführbaren Python-Programms aus Thonny. Davor unbedingt ein #! setzen.

```
#!/home/gpib/Control_Instruments/bin/python3
# App zur Steuerung eines Netzgeraets, Multimeters...
```

Dann speichert man diese Datei z. B. auf dem Desktop des RPi 5 ab. Somit hat man dann immer sofort Zugriff und kann die App starten. Anschließend öffnet man ein Terminalfenster und gibt folgendes ein:

gpib@raspberrypi:~ $ **cd Desktop**

gpib@raspberrypi:~/Desktop $ **chmod +x GUI-Tkinter_U_R_Messung.py**

Mit *chmod +x* wird das darauf folgende Programm als ausführbar gesetzt. Jetzt kann man das Programm auf dem Desktop mit einem Doppelklick starten (auf „Ausführen" dann klicken) (Abb. 20.5).

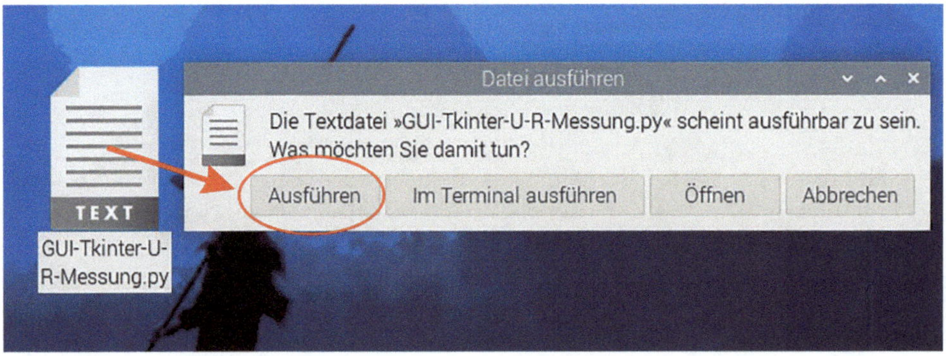


**Abb. 20.5** Datei ausführen

## 20.2 Automatisiertes Starten des Programms

Ein weiterer Schritt, der oftmals notwendig ist, ist das automatische Starten des Pythonprogramms nach einem Neustart des RPi 5. Dazu sind nur einige Schritte notwendig. Vorausgesetzt, dass das Pythonprogramm wie oben mit

**#!/home/gpib/Control_Instruments/bin/python3** angepasst und ausführbar gemacht wurde und sich auf dem Desktop befindet, startet man ein normales Terminal und erzeugt ein neues Verzeichnis:

```
gpib@raspberrypi:~ $ cd.config
gpib@raspberrypi:~/.config $ mkdir autostart
gpib@raspberrypi:~/.config $ cd autostart
```

In diesem Verzeichnis erzeugt man mit nano oder vi eine Datei mit dem Namen *GUI-UR.desktop*. In dieser Datei wird folgender Eintrag getätigt, wobei die ausführbare Datei und der Pfad zu Python ggf. angepasst werden muss.

```
[Desktop Entry]
Type=Application
Name=GUI Python Programm
Exec=/home/gpib/Control_Instruments/bin/python3 /home/gpib/
  Desktop/ GUI-Tkinter-U-R-Messung.py
X-GNOME-Autostart-enabled=true
```

```
gpib@raspberrypi:~/.config/autostart $ ls -l
-rw-r--r-- 1 gpib gpib 184 16. Sep 17:24 GUI-UR.desktop
```

Nach dem Abspeichern startet man den RPi 5 neu und die App sollte dann automatisch starten. Dies ist dann besonders Vorteilhaft, wenn man z. B. ein Touchdisplay an den RPi 5 anschließt, wo keine Tastatur und Maus vorhanden ist. Das Bild zeigt ein Beispiel dazu, das Touchdisplay ist ein 10“ Display mit einer Montagemöglichkeit des RPi auf der Rückseite (Abb. 20.6).

**Abb. 20.6** 10" Touchdisplay mit automatisch gestarteter App

# 21 Messgeräte mit RS232 Schnittstelle

Ältere Messgeräte besitzen in manchen Fällen neben dem GPIB-Port auch eine RS232 Schnittstelle, über die auch eine Fernsteuerung mittels SCPI-Kommandos möglich ist. Aber Achtung: nicht jedes Gerät mit einer RS232 ist fernsteuerbar und manche Geräte haben, wie im Bild zu sehen ist, eine serielle Schnittstelle mit 5V-TTL-Spannungspegel. Es handelt sich hierbei um die elektronische Last 8502 von BK-Precision, welche sich nicht mit SCPI-Kommandos steuern lässt. Bei diesem Gerät liegt ein isolierter USB zu TTL- Converter dabei (siehe Bild unten, „Isolated Communication Cable"). Normale USB zu RS232 (±12 V Pegel) Wandler können an diesem Gerät zu Schäden führen.

Zum Ansteuern über die RS232-Schnittstelle ist ein USB-Seriell Adapter empfehlenswert und es sind ggf. auch weitere Vorbereitungen zu treffen. Als Beispiel sind hier die beiden Geräte, das Agilent Multimeter 34401 und das Keithley Sourcemeter 2400, genannt.

Zum Ansteuern mittels Python muss in Thonny das Package pyserial installiert werden (ggf. muss auch das Package serial deinstalliert werden) (Abb. 21.1 und 21.2).

## 21.1 HP34401A (Agilent34401A) Multimeter

Das Multimeter muss auf die RS232 umgestellt und ggf. Parameter eingestellt werden. Wichtig ist dabei zu wissen, dass die Schnittstelle an diesem Gerät auch die Signale DTR und DSR verwendet. Daher ist von der Verwendung der seriellen Schnittstelle des RPi 5 (GPIO14, GPIO15) abzuraten. Stattdessen kann ein USB-Seriell Wandler (oder besser ein fertiges Kabel) verwendet werden, der die o. g. Signale mit implementiert hat. Für den Betrieb ist dann noch ein gekreuzter Adapter (Nullmodemkabel) notwendig, oder man lötet sich diesen mittels zweier DSUB9 Buchsen (weiblich) zusammen. Die Pinbelegung sieht man auf dem folgenden Bild, ebenso meinen provisorischen Aufbau (Abb. 21.3):



B. Redemann, *Automatisiertes Messen mit steuerbaren Geräten und dem Raspberry Pi 5*, https://doi.org/10.1007/978-3-658-52314-5_21

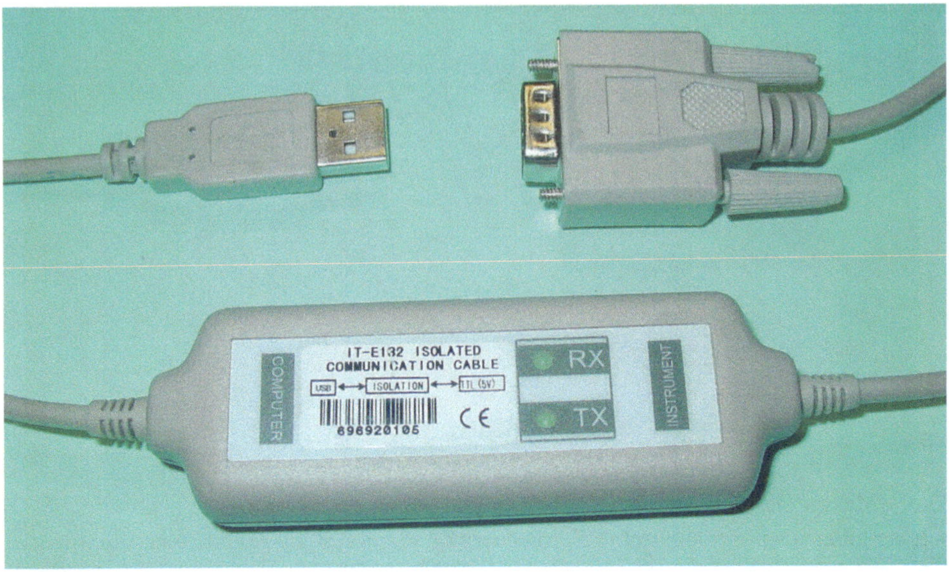


**Abb. 21.1** USB-Seriell Adapter mit TTL-Logik

**Abb. 21.2** COM-Port mit TTL-Logik

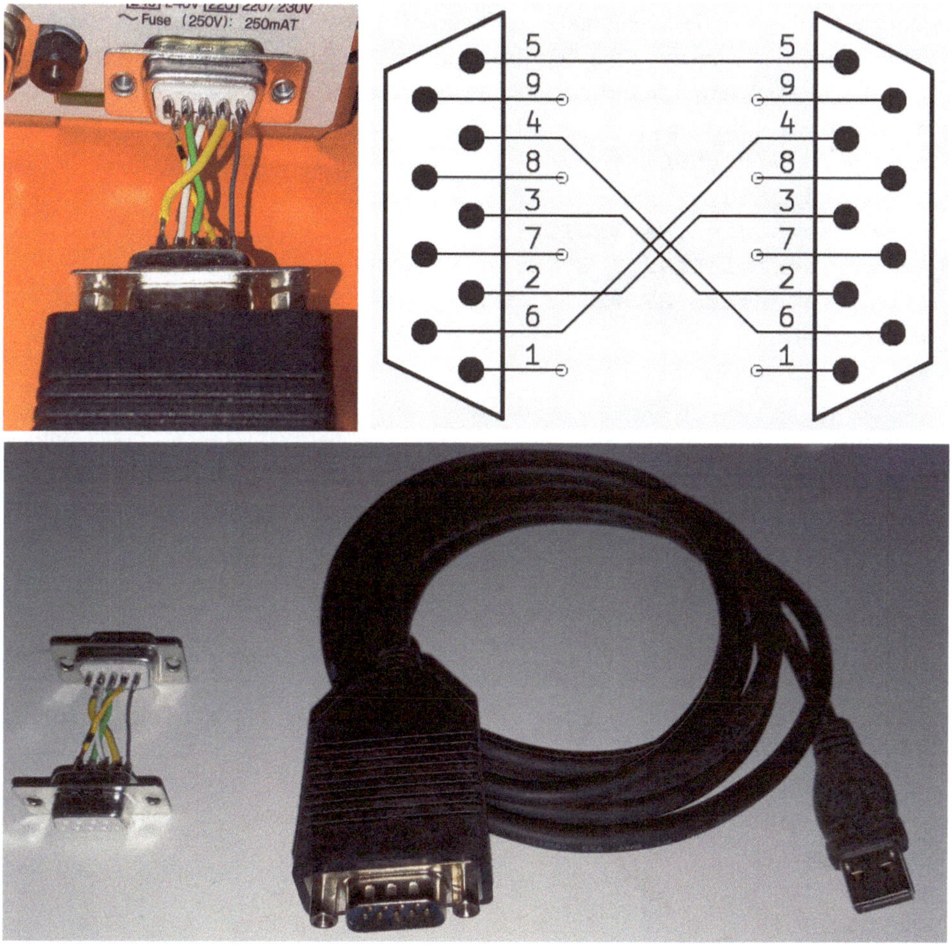


**Abb. 21.3** RS232-Nullmodemkabel und Verdrahtung (rechts oben)

Nachdem nun die Hardware zusammengelötet wurde, muss das Multimeter in den RS232 Modus eingestellt werden. Wie das funktioniert steht in der Bedienungsanleitung des Multimeters. Die Parameter für die RS232 müssen dann im Pythonprogramm angegeben werden.

Das folgende Beispielprogramm zeigt die Einstellung des Gleichspannungsmessbereichs und der Abfrage des Spannungswerts:

→ Diese Importe werden für den Zugriff auf die serielle Schnittstelle benötigt.

```
import serial
import time
```

→ Nun wird die serielle Schnittstelle konfiguriert. Den Port bekommt man durch das Kommando *ls -l /dev/ttyU** im Terminal heraus. Die Parameter müssen mit den eingestellten Parametern des Multimeters übereinstimmen.

```
ser = serial.Serial(
  port='/dev/ttyUSB1',
  baudrate=9600,
  bytesize=serial.SEVENBITS,
  parity=serial.PARITY_EVEN,
  stopbits=serial.STOPBITS_ONE,
  timeout=1
)
```

→ Dieses Kommando stellt das Multimeter in den Fernsteuermodus um (Remote Control).

```
ser.write(b"SYST:REM\r\n")
```

→ Abfrage des Gerätetyps.

```
ser.write(b"*IDN?\r\n")
print(ser.readline().decode().strip())
```

→ Einstellung Gleichspannungsbereich. Wichtig ist hierbei das \r\n, da sonst das Multimeter den Befehl nicht erkennt und eine „error“ Meldung auf dem Display anzeigt. Man erkennt hier auch sehr schön, dass die SCPI Parameter wie bei anderen Multimeter die selben sind (CONF:VOLT:DC).

```
ser.write(b"CONF:VOLT:DC\r\n")
time.sleep(2)
```

→ Anschließend wird ein READ? gesendet, welches das Multimeter in den Lesezustand versetzt. Irritierend ist vielleicht das *ser.write* zuvor.

```
ser.write(b"READ?\r\n")
time.sleep(2)
```

→ Mit *ser.readline* wird der gelesene Messwert in die Variable 34401_dc_volt geschrieben.

```
34401_dc_volt = ser.readline().decode().strip()
```

→ Mit der Printanweisung wird der Messwert ausgegeben. Da es sich um einen String handelt, wird dieser mit format(float(34401_dc_volt)) in Float umgewandelt. Nur so ist eine gut lesbare Schreibweise mit drei Stellen hinter dem Komma möglich.

```
print("{:.3f}".format(float(34401_dc_volt)) + " Volt")
```

→ Das Gerät kann nun in den Local Modus (Bedienung per Hand) umgestellt werden

```
ser.write(b"SYST:LOC\r\n")
```

→ Am Ende wird die serielle Schnittstelle geschlossen.
```
ser.close()
```

Man kann nun auch diese Art der Verbindung in die bestehenden Programme einfügen.

## 21.2 Keithley 2400 Sourcemeter

Auch das Sourcemeter 2400 von Keithley besitzt eine RS232-Schnittstelle, über die man das Gerät mittels SCPI-Kommandos fernsteuern kann. Hier kann der USB-Seriell Adapter im Gegensatz zum oben genannten HP34401 direkt aufgesteckt werden (Abb. 21.4).

Im Beispielprogramm kann eine zuvor eingegebene Spannung und ein Strom eingestellt und ausgegeben werden:

→Diese Importe werden für den Zugriff auf die serielle Schnittstelle benötigt.
```
import serial
import time
```

**Abb. 21.4** USB-RS232 direkt am RS232 Port

→Nun wird die serielle Schnittstelle konfiguriert. Den Port bekommt man durch das Kommando *ls -l /dev/ttyU** im Terminal heraus. Die Parameter müssen mit den eingestellten Parametern des Sourcemeters übereinstimmen.

```
ser = serial.Serial(
  port='/dev/ttyUSB0',
  baudrate=19200,
  bytesize=serial.EIGHTBITS,
  parity=serial.PARITY_NONE,
  stopbits=serial.STOPBITS_ONE,
  timeout=1
)
```

→ Dieses Kommando stellt das Multimeter in den Fernsteuermodus um (Remote Control).

```
ser.write(b"SYST:REM\r\n")
```

→ Abfrage des Gerätetyps mit **IDN?*. Das *\r\n* ist obligatorisch, da sonst das Kommando nicht angenommen wird oder ein „Error" am Gerät erscheint.

```
ser.write(b"*IDN?\r\n")
print(ser.readline().decode().strip())
```

→ Die Funktionen für die Spannungs- und Stromeinstellung.

```
def source_voltage():
```

→ Erst wird die „Sourcefunktion" für Spannung eingestellt. Es soll eine Spannung also ausgegeben werden.

```
ser.write(b"SOUR:FUNC VOLT \r\n")
```

→ Nun wird die abgefragte Spannung {volts} eingestellt.

```
ser.write(f":SOUR:VOLT {volts} \r\n".encode())
```

→ Nun soll die eingestellte Ausgangsspannung gemessen werden. Der Spannungswert erscheint dann im Display des Sourcemeters.

```
ser.write(b":MEAS:VOLT?\r\n")
```

→ Die Printanweisung ist etwas ungewöhnlich. Würde man dort nur print(ser.readline().decode().strip()) ausgeben, so erscheint ein langer String mit verschiedenen Werten, durch Komma getrennt. Beispiel:
+1.199948E+01,+9.910000E+37,+9.910000E+37,+1.345280E+02,+1.946000E+04

Nur der erste Wert (+1.19...E+1) ist hier richtig. Das entspricht einer eingestellten Spannung von 11,99 V. Daher muss die Printanweisung angepasst werden.

```
print(float((ser.readline().decode().strip()).
split(",")[0]))
```

```
def source_current():
```
→ Erst wird die „Sourcefunktion" für den Strom eingestellt. Es soll ein Strom ausgegeben werden.
```
ser.write(b"SOUR:FUNC CURR \r\n")
```

→ Es wird zunächst der Strommessbereich festgelegt. Hier 1 A.
```
ser.write(b"SOUR:CURR:RANG 1\r\n")
```

→ Nun wird der abgefragte Strom {amps} eingestellt.
```
ser.write(f":SOUR:VOLT {amps} \r\n".encode())
```

→ Er wird der eingestelle Ausgangsstrom gemessen. Der Stromwert erscheint dann im Display des Sourcemeters.
```
ser.write(b":MEAS:CURR?\r\n")
```

→ Die Printanweisung ist etwas ungewöhnlich. Würde man dort nur print(ser.readline().decode().strip()) ausgeben, so erscheint ein langer String mit verschiedenen Werten, durch Komma getrennt. Beispiel:

+9.910000E+37,+1.001193E+00,+9.910000E+37,+2.939684E+03,+3.789200E+04

Nur der <u>zweite</u> Wert (+1.00…E+00) ist hier richtig. Das entspricht einem eingestellten Strom von 1,00 A. Daher muss die Printanweisung angepasst werden.
```
print(float((ser.readline().decode().strip()).
split(",")[1]))
```

→ Hier startet das Programm. Hinweis zur Ausgangsbeschaltung.
```
input("Öffnen Sie die Verbindung am Ausgang und drücken
  Sie ENTER")
```

→ Als nächstes wird nach der einzustellenden Spannung gefragt.
```
volts = input("Spannung eingeben: ")
```
→ Und die gleiche Abfrage für den Strom.
```
amps = input("Strom eingeben: ")
```

→ Aufruf der oben erstellten Funktion.
```
source_voltage()
```
→ Ausgang einschalten und nach 5 s wieder ausschalten.
```
ser.write(b":OUTP ON \r\n")
time.sleep(5)
ser.write(b":OUTP OFF \r\n")
```

→ Hinweis zur Ausgangsbeschaltung.

```
input("Schließen Sie den Ausgang kurz und drücken Sie ENTER")
```

→ Aufruf der oben erstellten Funktion.

```
source_current()
```

→ Ausgang einschalten und nach 5 s wieder ausschalten.

```
ser.write(b":OUTP ON \r\n")
time.sleep(5)
ser.write(b":OUTP OFF \r\n")
```

Nach Starten des Programms erscheint dann folgende Ausgabe, es wurde eine willkürliche Spannung und ein willkürlicher Strom eingestellt:

```
>>> %Run ANHANG_RS232_KL2400.py
KEITHLEY INSTRUMENTS INC.,MODEL 2400,0630432,C03  May 10 1996
  10:32:55/A02
Öffnen Sie die Verbindung am Ausgang und drücken ENTER
Spannung eingeben: 17.43
Strom eingeben: 0.31
17.42859
Schließen Sie den Ausgang kurz und drücken ENTER
0.3099966
>>>
```

Das folgende Bild veranschaulicht, welche Befehle Einfluss auf die Anzeige im Display des Keithley 2400 Sourcemeter haben (Abb. 21.5):

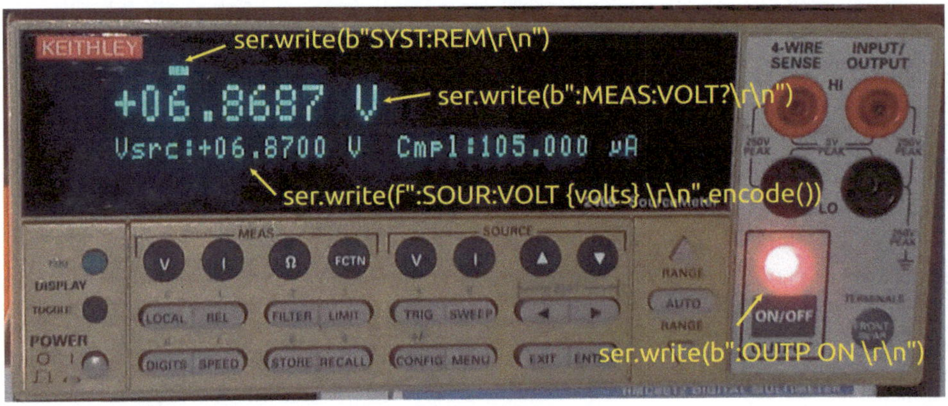


**Abb. 21.5** Keithley2400 und die Befehle im Display

# 22 USB-GPIB-Adapter DIY

Um es vorweg zu nehmen: Viele der auf dem Markt angebotenen USB zu GPIB-Adapter funktionieren unter Linux (also auch am RPi) entweder gar nicht oder sind nur mit größtem Aufwand (Treiberinstallation, Anpassungen am Betriebssystem oder an Konfigurationsdateien etc.) zu betreiben.

Es gibt für dieses Problem jedoch ein interessantes Open Source Projekt. Unter https://github.com/xyphro/UsbGpib/tree/master ist das Projekt von Kai Gossner zu finden. Es beschreibt die Hard- und Software, um solch einen Adapter selber preiswert herstellen zu können. Die Hardware besteht eigentlich nur aus einem Mikrocontroller vom Typ Atmega32u4, einer USB- und einer GPIB-Buchse (+"Hühnerfutter"). Da es sich um ein Open Source Projekt handelt, kann man die vorgestellte Leiterplatte für seine Zwecke auch ändern. Eine Kaufmöglichkeit wird auf der o. g. Github-Seite verlinkt:

https://github.com/xyphro/UsbGpib?tab=readme-ov-file#buy-it-or-build-it.

Auf dem Bild sieht man meine eigene Version dieses Adapters an einem Hewlett-Packard 34401 Multimeter (Abb. 22.1).

Wer den Mut und die Zeit hat, diesen Adapter nachzubauen, wird wiederum eine Menge Erfahrungen sammeln. Man kann z. B. mit dem Gerberdaten auf der Projektseite die Leiterplatte fertigen lassen oder diese auch selber nach seinen Anforderungen layouten, so wie ich es getan habe.

Um nicht die komplette Software kompilieren zu müssen, sind unter https://github.com/xyphro/UsbGpib/tree/master/SW/binaries verschiedene Binaries zu finden. Wichtig für die Funktion des GpibUsb-Adapters ist die BootLoader.hex und die TestAndMeasurement.bin. Ist die Hardware aufgebaut (fertig gelötete Leiterplatte), so wird ein ISP-Programmieradapter (z. B. usbasp), wie oben im Mikrocontrollerprojekt bereits eingesetzt, benötigt. Die beiden Dateien BootLoader.hex und TestAndMEasurement.bin werden zunächst als RAW-Datei von der Projektseite heruntergeladen (Abb. 22.2):


B. Redemann, *Automatisiertes Messen mit steuerbaren Geräten und dem Raspberry Pi 5*, https://doi.org/10.1007/978-3-658-52314-5_22

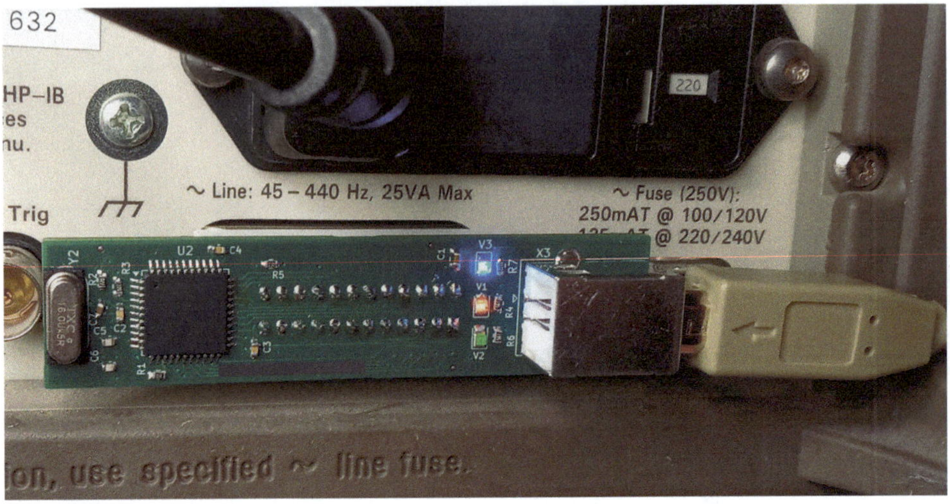


**Abb. 22.1** Eigenbau UsbGpib Adapter

**Abb. 22.2** Bootloader herunterladen

Anschließend verbindet man den usbasp mit dem Modul (ISP) und flasht die Fusebits und die BootLoader.hex-Datei auf den Controller.

→ (Alles in einer Zeile zu sehen)

```
gpib@raspberrypi:~ $ avrdude -c usbasp -p m32u4 -e -Ulock:
  w:0xFF:m -Uefuse:w:0xcb:m -Uhfuse:w:0xd8:m -Ulfuse:w:0xde:m
```

Dann:

```
gpib@raspberrypi:~ $ avrdude -c usbasp -p m32u4 -U flash:w:Boot-
  Loader.hex
```

Nun klemmt man den usbasp vom UsbGpib-Adapter und vom USB-Port ab und steckt den UsbGpib-Adapter an den USB-Port. Nach ein paar Sekunden wird ein neues Laufwerk im Dateimanager angezeigt (Abb. 22.3).

**Abb. 22.3** Dateien auf dem UsbGpib

Mit folgendem Kommando im Terminal wird die TestAndMeasurement.bin auf dieses Laufwerk kopiert, wobei der Pfad (media/…) angepasst werden muss.

→ Alles in einer Zeile zu sehen.

```
gpib@raspberrypi:~ $ dd if=TestAndMeasurement.bin of=/
  media/.../FLASH.BIN bs=512 conv=notrunc oflag=direct,sync
```

Damit ist der UsbGpib-Adapter bereit für den Einsatz. Die o. g. Informationen sind von der Projektseite entnommen. Das folgende Beispielprogramm misst Spannung, Strom und Widerstand an einem HP34401 Multimeter.

```
import pyvisa
import time

rm = pyvisa.ResourceManager()
resources = rm.list_resources()
print(f"Angeschlossene Geräte: {resources}")
```

→ Das Objekt wird erzeugt und anschließend muss der Aufruf mit einem Timeout (hier 5 s) auch die Befehlsbeendigung mit „\n“ abgeschlossen werden, wie bereits beim oben genannten HMP2030 Netzgerät.

```
ag34401 = rm.open_resource(resources[0])
ag34401.timeout = 5000
ag34401.write_termination = '\n'
ag34401.read_termination = '\n'
```

→ Erster Test, Abfrage der IDN.

```
print("IDN:", ag34401.query("*IDN?"))
```

→ Spannungsmessung mit den Standard SCPI-Kommandos. Erst Messbereich einstellen, dann messen.

```
ag34401.write("CONF:VOLT:DC 10")
time.sleep(1)
u_dc = ag34401.query("MEAS:VOLT:DC?")
print(f"Gemessene Spannung: {u_dc:.2f} V")
input("Bitte auf Strommessbereich umstecken und Enter
  drücken")
```

→ Strommessung mit den Standard SCPI-Kommandos. Erst Messbereich einstellen, dann messen.

```
ag34401.write("CONF:CURR:DC 1")
time.sleep(1)
i_dc = ag34401.query("MEAS:CURR:DC?")
print("Gemessener Strom: {i_dc:.2f} A")
input("Bitte auf Widerstandsmessbereich umstecken, Wider-
  stand anschließen und Enter drücken")
```

→ Widerstandsmessung mit den Standard SCPI-Kommandos. Erst Messbereich einstellen, dann messen.

```
ag34401.write("CONF:RES AUTO")
time.sleep(1)
r21 = ag34401.query("MEAS:RES?")
print("Gemessener Widerstand: {r21:.2f} Ω")
```

→ Fehlerstatus zur Kontrolle.

```
error = ag34401.query("SYST:ERR?")
print("Fehlerstatus:", error)
```

→ Das Resultat nach Programmablauf ist nun zu sehen. Es wird hier der USB0-Port angezeigt.

```
Angeschlossene Geräte: ('USB0::1003::8293::HEWLETT-PA-
  CKARD_34401A_0_3 -1-1::0::INSTR',)
IDN: HEWLETT-PACKARD,34401A,0,3-1-1
Gemessene Spannung: -19.20 V
Bitte umstecken auf Strom: Enter drücken
```

```
Gemessener Strom: -0.50 A
Bitte Widerstand anschließen: Enter drücken
Gemessener Widerstand: 19.42 Ω
Fehlerstatus: +0,"No error"
```

Man kann nun auch so ältere Geräte mit einer GPIB-Schnittstelle am Rpi 5 betreiben. Unter https://github.com/xyphro/UsbGpib gibt es eine Auflistung bereits getesteter Geräte.

# Mehr Portpins bitte (MCP23017) 23

Wenn man es genau betrachtet, so gibt es beim RPi 5 nur 10 reine GPIO Pins: GPIO 5, 6, 16, 17, 22, 23, 24, 25, 26 und 27. Alle anderen sind doppelt belegt, d. h. man kann z. B. GPIO 14/15 als serielle Schnittstelle oder GPIO 9, 10 und 11 als SPI Schnittstelle verwenden usw. . Daher ist zu beachten, dass man bei reiner digitalen I/O Nutzung nur die reinen GPIO Pins verwendet, um flexibel bei Schaltungsänderungen (z. B. durch Hinzufügen eines SPI ICs) zu sein. In manchen Fällen führt das Limit auf 10 reine I/O Pins zu Engpässen.

Um nun dieses Problem zu lösen, sind I/O Expander erfunden worden. Als Beispiel sei hier der sehr verbreitete MCP23017 genannt. Dieses IC besitzt zum Ansteuern eine $I^2C$-Schnittstelle und man kann damit insgesamt 16 I/O Pins ansteuern. Der Ausgangsstrom pro Portpin liegt bei 25mA, sodass auch hier entsprechende Treiberbauteile (Transistoren, Treiber-ICs etc.) für größere Lasten dazu geschaltet werden müssen.

Am RPi 5 muss in der Konfiguration der $I^2C$-Bus aktiviert werden.

## 23.1 Hardware mit dem MCP23017

Zunächst muss der MCP23017 an den RPi angeschlossen werden. In diesem Fall werden zwei MCP23017 verwendet, bei denen zwei unterschiedliche $I^2C$-Adressen eingestellt werden (Abb. 23.1).

Im Bild sind die beiden ICs parallel am $I^2C$ Bus (SDA, GPIO 2 und SCL, GPIO 3) angeschlossen, beim linken MCP23017 ist die $I^2C$-Adresse (7 Bit, Binär, Hex): 0100110 = 0x26, beim rechten 0100000 = 0x20, sie setzt sich aus der internen Hardwareadresse 0100 und den extern eingestellten Wert (A0 bis A2) zusammen. Diese Adresse ist dann im Programm anzugeben. INTA und INTB sind Ausgänge, die nicht beschaltet



B. Redemann, *Automatisiertes Messen mit steuerbaren Geräten und dem Raspberry Pi 5*, https://doi.org/10.1007/978-3-658-52314-5_23

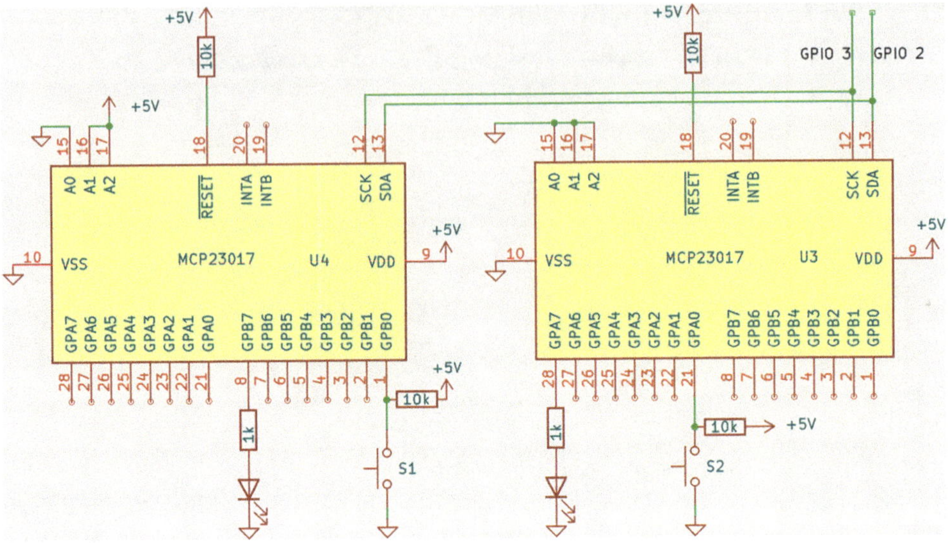


**Abb. 23.1** Schaltung für die Portexpander

werden. Der RESET muss über einen Pullup-Widerstand (10 kΩ) an die Versorgungsspannung angeschlossen werden. Ausgangsseitig ist jeweils ein Taster (ebenfalls mit Pullup-Widerstand) und eine Leuchtdiode angeschlossen. Die Taster sollen bei Tastendruck die jeweils andere Leuchtdiode ein- bzw. ausschalten.

Ist alles aufgebaut, so kann man im Terminal mit dem Kommando *i2cdetect -y 1* überprüfen, ob die beiden ICs erkannt werden.

```
gpib@raspberrypi:~ $ i2cdetect -y 1
     0  1  2  3  4  5  6  7  8  9  a  b  c  d  e  f
00:                          -- -- -- -- -- -- -- --
10: -- -- -- -- -- -- -- -- -- -- -- -- -- -- -- --
20: 20 -- -- -- -- -- 26 -- -- -- -- -- -- -- -- --
30: -- -- -- -- -- -- -- -- -- -- -- -- -- -- -- --
40: -- -- -- -- -- -- -- -- -- -- -- -- -- -- -- --
50: -- -- -- -- -- -- -- -- -- -- -- -- -- -- -- --
60: -- -- -- -- -- -- -- -- -- -- -- -- -- -- -- --
70: -- -- -- -- -- -- -- --
gpib@raspberrypi:~ $
```

## 23.2 Ein Testprogramm für den MCP23017

Zuerst müssen zwei Pakete in Thonny werden: mcp23017 und smbus. Anschließend kann dieses kleine Programm ausprobiert werden.

```
# *****************************************
# Einfaches Testprogramm Ein/Ausgabe MCP23017
# *****************************************
```

→ Es werden hier nicht alle Möglichkeiten der Bibliothek importiert.

```
from mcp23017 import MCP23017, GPA0, GPA7, GPB0, GPB7,
  OUTPUT, INPUT, HIGH, LOW
```

→ Notwendig für den I²C Bus.

```
import smbus
import time
```

→ Instanzen für den I²C Bus und die beiden MCP23017.

```
bus = smbus.SMBus(1)
mcpr = MCP23017(0x20, bus) # Adresse 0x20
mcpl = MCP23017(0x26, bus) # Adresse 0x26
```

→ Für die Ein- und Ausgabepins ist zu beachten, dass beim Aufruf von *digital_write()* und *digital_read()* folgende Zuordnung gilt:

GPA0 ≙ 0, GPA7 ≙ 7, GPB0 ≙ 8, GPB7 ≙ 15

```
mcpr.pin_mode(GPA7, OUTPUT) # Wäre Pin 7 bei digital_write
mcpl.pin_mode(GPB7, OUTPUT) # Wäre Pin 15 bei digital_write
```

→ Pins für Taster.

```
mcpr.pin_mode(GPA0, INPUT) # Wäre Pin 0 bei digital_read
mcpl.pin_mode(GPB0, INPUT) # Wäre Pin 8 bei digital_read
```

→ Beide Pins (also GPA7 und GPB7) ausschalten.

```
mcpr.digital_write(7, LOW)
mcpl.digital_write(15, LOW)

while True:
```

→ Einlesen Taster (also GPA0 und GPB0).

```
  s1 = mcpr.digital_read(0)
  s2 = mcpl.digital_read(8)
  if s1 == 0:
```

→ Ausgabe auf GPB7.
```
    mcpl.digital_write(15, HIGH)
  else:
    mcpl.digital_write(15, LOW)
  if s2 == 0:
```

→ Ausgabe auf GPA7.
```
    mcpr.digital_write(7, HIGH)
  else:
    mcpr.digital_write(7, LOW)
```

→ Ggf. etwas entschleunigen.
```
  #time.sleep(0.1)
```

Quellen für die MCP23017 Bibliothek:
https://github.com/open-thngs/MCP23017-pyt
https://pypi.org/project/mcp23017/

**Linkliste/Quellen**

*Raspberry Pi*
https://www.raspberrypi.com/
https://thonny.org/
https://pypi.org/
https://github.com/thonny/thonny/releases/tag/v4.1.7

*Standards*
https://www.tmatlantic.com/encyclopedia/index.php?ELEMENT_ID=13919
https://www.testandmeasurementtips.com/remote-communication-with-usbtmc-faq/
https://en.wikipedia.org/wiki/LAN_eXtensions_for_Instrumentation
https://en.wikipedia.org/wiki/GPIB
https://www.meilhaus.de/news-aktionen/blog/blog-ieee488/?b2b=0
https://www.ni.com/pdf/academic/us/journals/lv02_31.pdf
https://www.icselect.com/pdfs/ab48_11%20GPIB-101.pdf
https://helpfiles.keysight.com/csg/e5080a/programming/learning_about_gpib/gp-ib_fundamentals.htm
https://en.wikipedia.org/wiki/RS-232
Electronic Industries Association (EIA):
https://www.ecianow.org/eia-technical-standards

*VISA*
www.ni.com
www.ivifoundation.org

*Pythonthemen*
https://pypi.org/
https://pyvisa.readthedocs.io/en/latest/
https://github.com/pymeasure/pymeasure/issues/636
https://gpiozero.readthedocs.io/en/latest/index.html
https://matplotlib.org/
https://learn.adafruit.com/dht/dht-circuitpython-code
https://py-pdf.github.io/fpdf2/fpdf/index.html
https://docs.python.org/3/library/tkinter.html
https://www.python.org/
https://github.com/open-thngs/MCP23017-pyt
https://pypi.org/project/mcp23017/

*Bauteile*
https://www.ti.com/product/TXS0108E
https://www.ti.com/product/ISO1540
https://www.analog.com/en/products/adum1400.html
https://www.fischl.de/usbasp/
https://www.microchip.com/en-us/product/MCP23017

*Adapter GPIB*
https://prologix.biz
https://github.com/xyphro/UsbGpib/

*Verwendete Messgeräte (steuerbar)*
R&S HMC8012 Digitalmultimeter
R&S HMO1024 Oszilloskop
R&S HMP2020 Netzgerät
HP 34401A Digitalmultimeter
Keithley 2400 Sourcemeter
Tektronix AFG 3021 Funktionsgenerator

*Weitere Geräte*
Tektronix PWS4305 Netzgerät
Tektronix TDS2012B Oszilloskop
BK Precision 8502 Elektronische Last

FSC
www.fsc.org
MIX
Papier | Fördert
gute Waldnutzung
FSC® C083411

Kolibri 360 GmbH
Ferdinand-Jühlke-Straße 7
99095 Erfurt, Deutschland
produktsicherheit@kolibri360.de